高等职业教育创新规划教材

电机与电气控制

杜伟伟　　冯邦军　　主编

DIANJI YU DIANQI KONGZHI

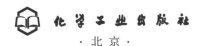

化学工业出版社

·北京·

内容简介

本书按照当前高等职业教育"教师、教材、教法"三教改革精神编写。主要内容包括各种常见低压电器的原理、结构、规格、分类、作用及选用，三相异步电动机的结构原理、铭牌识读及运行特性分析，单相异步电动机、直流电动机、控制电动机的结构及运行特性，各种常见变压器的原理与运行特性，电动机正反转控制、降压启动控制、限位控制、顺序控制、制动控制电路的安装与调试，各种典型机床的电气控制电路等。

本书可作为高等职业院校电气自动化技术、机电一体化技术、工业过程自动化技术、生产过程控制技术、工业机器人技术、数控设备维修、无人机、汽车电子、工业互联网等专业的教材，也可作为自学用书。不同专业在选用时可根据专业需求合理选择授课内容。

图书在版编目（CIP）数据

电机与电气控制/杜伟伟，冯邦军主编. —北京：化学工业出版社，2021.7

高等职业教育创新规划教材

ISBN 978-7-122-39434-7

Ⅰ．①电… Ⅱ．①杜…②冯… Ⅲ．①电机学-高等职业教育-教材②电气控制-高等职业教育-教材 Ⅳ．① TM3 ②TM921.5

中国版本图书馆 CIP 数据核字（2021）第 129065 号

责任编辑：潘新文　甘九林　　　　　　　　装帧设计：王晓宇
责任校对：刘　颖

出版发行：化学工业出版社（北京市东城区青年湖南街 13 号　邮政编码 100011）
印　　装：涿州市般润文化传播有限公司
787mm×1092mm　1/16　印张 9¾　字数 202 千字　2021 年 9 月北京第 1 版第 1 次印刷

购书咨询：010-64518888　　　　　　　售后服务：010-64518899
网　　址：http://www.cip.com.cn

前言

电机与电气控制课程是高等职业院校电气自动化、机械制造、机电一体化、工业机器人、数控设备维修、无人机等装备制造类专业必修的一门专业基础课程，是一门理论和实践兼备，而更侧重于实践性的课程。其内容综合性强，技能点和知识点多，包括低压电器、电动机、电力拖动、变压器、继电器-接触器控制电路多方面的内容。本书贯彻当前我国高等职业教育"三教"改革精神，以培养技术技能型人才为目标，根据多年高等职业教育教学改革经验，采用项目任务式模式编写而成。在编写过程中，在对技能点、知识点的选取方面，根据我国高等职业教育培养目标，遵循职业教育教学规律，结合行业岗位技能的实际要求、专业特点及教学对象的实际情况编写，重在培养学生的岗位职业技能，对知识阐述尽量做到具体、直观、易懂，由浅入深，做到实用、够用；同时，在传授必要的基础知识的基础上，重点强化学生在电气控制电路的分析、安装、调试等方面的基本技能培养，提高他们的动手能力和解决生产实际问题的能力，凸显课程的职业特色。

全书分为六个项目，每个项目下面分为若干个学习任务，每个学习任务将必要的基础知识点和实践操作有机紧密地结合在一起，构成一个相对独立的学习单元，做到学做一体，使学生能在较短学时内快速掌握电气控制方面必要的基本知识和技能，为后续专业课程学习奠定坚实的基础。本书项目一为低压电器部分，讲述常见低压电器的原理、结构、规格、分类、用途及选用；项目二为三相异步电动机部分，讲述三相异步电动机的结构原理、铭牌识读及运行特性分析等；项目三为其他类型电动机部分，讲述单相异步电动机、直流电动机、控制电动机的结构、特点及应用；项目四为变压器部分，讲述各种常用变压器的结构、工作原理、组别判断和运行分析等；项目五为电动机基本电气控制电路部分，讲述电动机正反转控制、降压启动控制、限位控制、顺序控制、制动控制电路的安装与调试；项目六为典型机床电气控制电路部分，内容包括车床、钻床、铣床、磨床、卧式镗床的基本电气控制电路的分析。

本书由杜伟伟、冯邦军任主编，肖青、杨婷、兰子奇、张文宇任副主编，王宾、梁兴建参加编写。本书可作为高等职业院校电气自动化技术、机电一体化技术、工业过程自动化技术、生产过程控制技术、工业机器人技术、数控设备维修、无人机、汽车电子、工业互联网等专业的教材，也可作为自学用书。

由于编写时间仓促，编者水平有限，书中难免存在不足和疏漏之处，敬请广大读者批评指正。

编者

2021 年 5 月

目录

项目一　低压电器 ——————————————————— 1

任务一　低压电器分类、参数及选用 ·················· 1
任务二　低压电器结构认识 ····························· 3
任务三　熔断器及其使用 ······························· 7
任务四　低压开关及其使用 ····························· 10
任务五　主令电器及其使用 ····························· 14
任务六　接触器及其使用 ······························· 17
任务七　继电器及其使用 ······························· 19
任务八　认识新型低压电器 ····························· 23
思考与练习 ··· 30

项目二　三相异步电动机 ——————————————— 31

任务一　三相异步电动机结构认识 ····················· 31
任务二　三相异步电动机铭牌识读 ····················· 36
任务三　三相异步电动机运行分析 ····················· 39
思考与练习 ··· 47

项目三　其他类型电动机 ——————————————— 49

任务一　单相异步电动机认识 ·························· 49
任务二　直流电动机原理与运行分析 ··················· 57
任务三　控制电动机认识 ······························· 76

思考与练习 ………………………………………………………………………………… 87

项目四　变压器 ——————————————————————— 89

任务一　变压器原理、结构认识 ………………………………………… 89
任务二　变压器运行特性分析 …………………………………………… 94
任务三　三相变压器的连接与运行 ……………………………………… 97
任务四　特殊变压器认识 ………………………………………………… 102
思考与练习 ………………………………………………………………………………… 106

项目五　电动机基本控制电路 —————————————— 108

任务一　电气原理图、元件布置图、接线图识读 …………………… 108
任务二　自锁控制电路分析与安装调试 ……………………………… 111
任务三　正反转及顺序启停控制电路分析与安装调试 ……………… 115
任务四　降压启动电路分析与安装调试 ……………………………… 120
任务五　电动机制动电路分析 ………………………………………… 124
思考与练习 ………………………………………………………………………………… 126

项目六　典型机床控制电路 ——————————————— 128

任务一　车床电气控制电路分析 ……………………………………… 128
任务二　钻床电气控制电路分析 ……………………………………… 130
任务三　铣床电气控制电路分析 ……………………………………… 134
任务四　磨床电气控制电路分析 ……………………………………… 139
任务五　卧式镗床电气控制电路分析 ………………………………… 142
思考与练习 ………………………………………………………………………………… 146

参考文献 ————————————————————————— 148

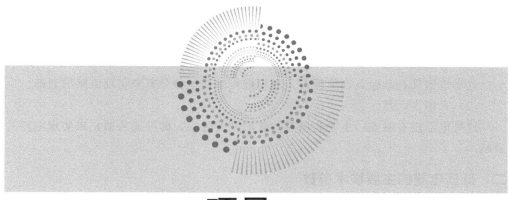

项目一
低压电器

任务一　低压电器分类、参数及选用

一、低压电器的分类

低压电器的品种规格繁多，构造及工作原理各异，有多种分类方法。

1. 按用途分

（1）低压配电电器

这类电器包括刀开关、转换开关、熔断器和断路器等，主要用于低压配电系统中，实现电能的输送和分配，以及系统保护，要求这类电器动作准确、工作可靠、稳定性能良好。

（2）低压控制电器

这类电器包括接触器、继电器及各种主令电器等，主要用于电气控制系统，要求这类电器工作准确可靠、操作频率高、寿命长，而且体积小、质量轻。

2. 按动作性质分

（1）自动电器

这类电器依靠电器本身的参数变化或外来信号（如电流、电压、温度、压力、速度、热量等）而自动接通、分断电路或使电动机进行正转、反转及停止等动作，如接触器及各种继电器等。

（2）手动电器

这类电器依靠外力（人工）直接操作来进行接通、分断电路等动作，如各种开关、按钮等。

3. 按低压电器的执行机理分

（1）有触点电器

这类电器具有动触点和静触点，利用触点的接触和分离来实现电路的通断。

（2）无触点电器

这类电器没有触点，主要利用晶体管的开关效应，即导通或截止来实现电路的通断。

二、低压电器的主要技术参数

1. 额定电压

（1）额定工作电压

规定条件下，保证电器正常工作的工作电压值。

（2）额定绝缘电压

规定条件下，用来度量电器及其部件的绝缘强度、电气间隙和漏电距离的标称电压值。除非另有规定，一般为电器最大额定工作电压。

（3）额定脉冲耐受电压

反映电器当其所在系统发生最大过电压时所能耐受的能力。额定绝缘电压和额定脉冲耐受电压共同决定绝缘水平。

2. 额定电流

（1）额定工作电流

在规定条件下，保证开关电器正常工作的电流值。

（2）约定发热电流

在规定条件下试验时，电器处于非封闭状态下，开关电器在 8 小时工作制下，各部件温升不超过极限值时所能承载的最大电流。

（3）约定封闭发热电流

电器处于封闭状态下，在所规定的最小外壳内，开关电器在 8 小时工作制下，各部件的温升不超过极限值时所承载的最大电流。

（4）额定持续电流

在规定的条件下，开关电器在长期工作制下，各部件的温升不超过规定极限值时所能承载的最大电流值。

3. 操作频率与通电持续率

开关电器每小时内可能实现的最高操作循环次数称为操作频率。通电持续率是电器工作于断续周期工作制时有载时间与工作周期之比，通常以百分数表示。

4. 机械寿命和电寿命

机械开关电器在需要修理或更换机械零件前所能承受的无载操作次数，称为机械寿命。在正常工作条件下，机械开关电器无需修理或更换零件的负载操作次数称为电寿命。

对于有触点的电器，其触头在工作中除机械磨损外，尚有比机械磨损更为严重的电磨损。因而，电器的电寿命一般小于其机械寿命。设计电器时，要求其电寿命为机械寿命的 20%～50%。

三、低压电器的选用原则

目前，国产低压电器大约有 130 多个系列，品种规格繁多。在对低压电器的设计和制造上，国家规定有严格的标准。选用的一般原则如下。

1. 安全原则

安全可靠是对任何电器的基本要求，保证电路和用电设备的可靠运行是正常生活与生产的前提。例如：用手操作的低压电器要确保人身安全；金属外壳要有明显接地标志等。

2. 经济原则

经济性包括电器本身的经济价值和使用该种电器产生的价值。前者要求合理适用，后者必须保证运行可靠，不能因故障而引起各类经济损失。

3. 选用低压电器的注意事项

① 明确控制对象的分类和使用环境。

② 明确有关的技术数据，如控制对象的额定电压、额定功率、操作特性、起动电流倍数和工作制等。

③ 了解电器的正常工作条件，如周围温度、湿度、海拔高度、震动和防御有害气体等方面的能力。

④ 了解电器的主要技术性能，如用途、种类、控制能力、通断能力和使用寿命等。

任务二   低压电器结构认识

低压电器一般都有两个基本部分，即感受部分和执行部分。感受部分感受外界信号，并做出反应。自控电器中，感受部分大多由电磁机构组成；手控电器中，感受部分通常为电器的操作手柄。执行部分根据指令，执行接通、切断电路等任务，如触点及灭弧系统。

一、电磁机构

电磁机构是各种自动化电磁式电器的感测部件，由线圈、铁芯和衔铁组成，如图 1-1 所示。当线圈通入电流之后，铁芯和衔铁的端面上出现了不同极性的磁极，彼此相吸，使衔铁向铁芯运动，由连动机构带动触头动作。电磁机构实质上是电磁铁的一种。

（一）铁芯和衔铁的结构形式

常用的铁芯和衔铁的结构形式有山字形、螺管式和拍合式几种。

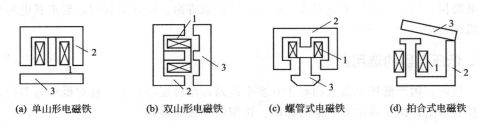

(a) 单山形电磁铁　　(b) 双山形电磁铁　　(c) 螺管式电磁铁　　(d) 拍合式电磁铁

图 1-1　电磁机构的几种结构形式

1—线圈；2—铁芯；3—衔铁

（1）山字形电磁铁　山字形电磁铁有单山字形和双山字形之分。这种结构形式的电磁铁多用于交流继电器、交流接触器以及其他交流电磁机构的电磁系统。

（2）螺管式电磁铁　多用作牵引电磁铁和自动开关的操作电磁铁，但也有少数过电流继电器采用这种形式的电磁铁。

（3）拍合式电磁铁　广泛用于直流继电器和直流接触器，有时也用于交流继电器。

（二）线圈

线圈是电磁铁的心脏，是产生磁通的源泉。按所接电源性质，线圈可分为直流线圈和交流线圈。根据励磁的需要，线圈可分串联和并联两种，前者称为电流线圈，后者称为电压线圈；电流线圈串接在主电路中，电流较大，所以常用扁铜条或粗铜线绕制，匝数也较少；电压线圈并接在电源上，匝数多，阻抗也大，但电流却较小，所以常用绝缘较好的电磁线绕制。

从结构上来看，线圈可分为有骨架的和无骨架的两种。交流电磁铁的线圈多为有骨架式，因为考虑到铁芯中有磁滞损耗和涡流损耗，不仅很难帮助线圈散热，而且有可能把热量传给线圈。直流电磁铁的线圈则多是无骨架的。

二、电器的触头系统和灭弧方法

（一）电器的触头系统

触头是用来接通或断开电路的，其结构形式很多。按其接触形式有点接触、线接触和面接触三种。如图 1-2 所示。

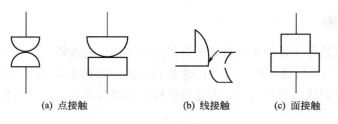

(a) 点接触　　　　　(b) 线接触　　　　　(c) 面接触

图 1-2　触头的三种接触形式

点接触允许通过的电流较小，常用于继电器电路或辅助触点。线接触和面接触允许通过的电流较大，常用于大电流场合，如刀开关、接触器的主触点等。为减少接触电阻，使接触更加可靠，需在触点间施加一定的压力。压力一般是靠反作用弹簧或触点本身的弹性变形而得。

图 1-3 分别为不同接触形式的触头结构形式。图 1-3(a) 为采用点接触的桥式触头，图 1-3(b) 为采用面接触的桥式触头，图 1-3(c) 为采用线接触的指形触头。

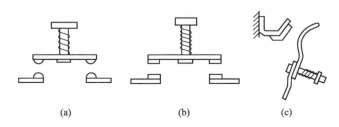

图 1-3   触头的结构形式

（二）灭弧方法

1. 电弧的产生

电弧的形成过程：当触头间刚出现断口时，两触头间距离极小，电场强度极大，在高热和强电场作用下，金属内部的自由电子从阴极表面逸出，奔向阳极，这些自由电子在电场中运动时撞击中性气体分子，使之激励和游离，产生正离子和电子，这些电子在强电场作用下继续向阳极移动时还要撞击其他中性分子。因此，在触头间隙中产生了大量的带电粒子，使气体导电形成了炽热的电子流即电弧。电弧产生高温并发出强光，将触头烧损，并使电路的切断时间延长，严重时会引起火灾或其他事故，因此应采取灭弧措施。

2. 常用灭弧方法

（1）电动力吹弧

一般用于交流接触器等交流电器。图 1-4 是一种桥式结构双断口触头系统，双断口就是在一个回路中有两个产生和断开电弧的间隙。当触点打开时，在断口中产生电弧。触头 1 和 2 在弧区内产生图中所示的磁场，根据左手定则，电弧电流要受到一个指向外侧的力 F 的作用而向外运动，迅速离开触点而熄灭。电弧的这种运动，一是会使电弧本身被拉长，二是电弧穿越冷却介质时要受到较强的冷却作用，这都有助于熄灭电弧。最主要的还是两断口处的每一电极近旁，在交流过零时都能出现 $150\sim250\text{V}$ 的介质绝缘强度。

（2）窄缝灭弧室

磁吹灭弧装置一般都带灭弧罩，灭弧罩通常用耐弧陶土、石棉水泥或耐弧塑料制成。其作用有二：一是引导电弧纵向吹出，借此防止发生相间短路；二是使电弧与灭弧室的绝缘壁接触，从而迅速冷却，增强去游离作用，迫使电弧熄灭。如图 1-5 所示，灭弧罩的绝缘壁之间的缝隙有大有小，凡是宽度比电弧直径小的缝（图中缝宽 δ_1 小于电弧直径 d_2 处）称为窄缝；反之，宽度比电弧直径大的缝（图中缝宽δ_2大于电弧直径d_2处）称为宽缝。窄缝可将电弧弧柱直径压缩（如压缩为d_1），使电弧同缝壁紧密接触，加强冷却和降低游离作用，同时，也加大了电弧运动的阻力，使其运动速度下降，缝壁温度上升，并在壁面产生表面放电。总之，缝宽的大小需要综合考虑。目前，有采用数个窄缝的多纵缝灭弧室，它将电弧引入纵缝，分劈成若干股直径较小的电弧，以增强灭弧作用。

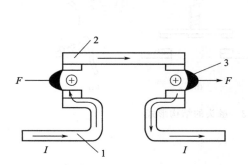

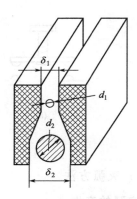

图1-4　双断口结构的电动力吹弧效应　　　　图1-5　窄缝灭弧室的断面
1—静触头；2—动触头；3—电弧

（3）栅片灭弧

触头分断时产生的电弧在磁吹力和电动力作用下被拉长后，推向一组静止的金属片，这组金属片称为栅片，它们彼此间是互相绝缘的。电弧进入栅片后，被分割成一段段串联的电弧，而每一栅片又相当于一个电极，使每段短弧上的电压达不到燃弧电压，同时栅片还具有冷却作用，致使电弧迅速熄灭，如图1-6所示。

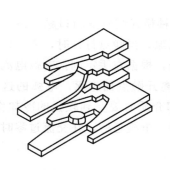

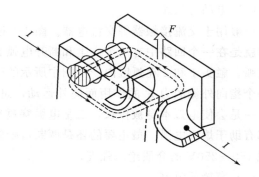

图1-6　栅片灭弧　　　　　　　　　图1-7　磁吹灭弧

（4）磁吹灭弧

灭弧装置设有与触点串联的磁吹线圈，电弧在吹弧线圈的作用下受力拉长，从触点间吹离，加速了冷却而熄灭，如图1-7所示。

为了加强灭弧效果，往往要同时采取几种灭弧措施。

任务三　熔断器及其使用

一、熔断器的工作原理及特性

　　熔断器是一种最简单有效的保护电器。主要由熔体和安装熔体的熔管两部分组成。熔体是熔断器的核心部分，常做成丝状或片状，其材料有两类：一类为低熔点材料，如铅锡合金、锌等；另一类材料为高熔点材料，如银、铜、铝等。

　　熔断器使用时，串联在所保护的电路中。当电路正常工作时，熔体允许通过一定大小的电流而不熔断；当电路发生短路或严重过载时，熔体中流过很大的故障电流，当电流产生的热量使熔体温度上升到熔点时，熔体熔断切断电路，从而达到保护电气设备的目的。

　　电气设备的电流保护主要有过载延时保护和短路瞬时保护。过载延时保护与短路瞬时保护不仅电流倍数不同，两者的差异也很大。从特性上看，过载延时保护需要反时限保护特性，短路瞬时保护则需要瞬动保护特性。从参数要求方面看，过载延时保护要求熔化系数小，发热时间常数大；短路瞬时保护则要求较大的限流系数、较小的发热时间常数、较高的分断能力和较低的过电压。从工作原理看，过载延时保护动作的物理过程主要是熔化过程，而短路瞬时保护则主要是电弧的熄灭过程。

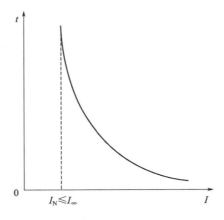

图 1-8　熔断器的安秒特性

　　熔断器的主要特性为熔断器的安秒特性，即熔断器的熔断时间 t 与熔断电流 I 的关系曲线。因 $t \propto 1/I^2$，熔断器安秒特性如图 1-8 所示。图中 I_∞ 为最小熔化电流或称临界电流，即通过熔体的电流小于此电流时不会熔断。所以选择的熔体额定电流 I_N 应小于 I_∞。通常 $I_\infty/I_N = 1.5 \sim 2$，称为熔化系数。该系数反映熔断器在过载时的保护特性。要使熔断器能保护较小过载电流，熔化系数应低些。为避免电动机启动时的短时过电流，熔体熔化系数应高些。

二、熔断器的常用类型及适用场合

　　常用熔断器的主要类型有 RC1A 系列瓷插式熔断器、RL1 系列螺旋式熔断器、RM10 系列无填料封闭管式熔断器、RT0 系列有填料封闭管式熔断器等。

　　RC1A 系列瓷插式熔断器的结构如图 1-9 所示，一般适用于交流 50Hz、额定电压 380V、额定电流 200A 以下的低压线路末端或分支电路中，用于电气设备的短路保护及一定程度上的过载保护。

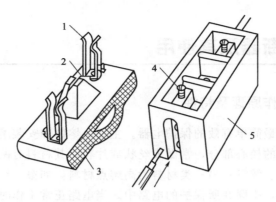

图 1-9　RC1A 系列瓷插式熔断器
1—动触头；2—熔丝；3—瓷盖；4—静触头；5—瓷底

RL1 系列螺旋式熔断器的外形及结构如图 1-10 所示，主要适用于控制箱、配电屏、机床设备及振动较大的场所，作为短路保护元件。

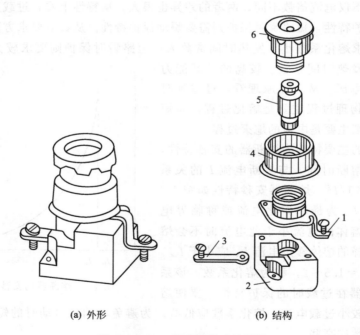

(a) 外形　　　　　　(b) 结构

图 1-10　RL1 系列螺旋式熔断器
1—上接线端；2—瓷底；3—下接线端；4—瓷套；5—熔断器；6—瓷帽

RM10 系列无填料封闭管式熔断器的外形及结构如图 1-11 所示，一般适用于低压电网和成套配电装置中，作为导线、电缆及较大容量电气设备的短路或连续过载时的保护。

RT0 系列有填料封闭管式熔断器的外形及结构如图 1-12 所示，主要适用于短路电流很大的电力网络或低压配电装置中。

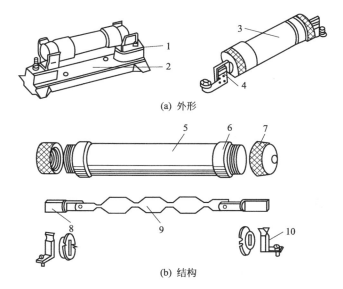

(a) 外形

(b) 结构

图 1-11　RM10 系列无填料封闭管式熔断器

1,4—夹座；2—底座；3—熔断管；5—硬质绝缘管；6—黄铜套管；
7—黄铜帽；8—插刀；9—熔体；10—夹座

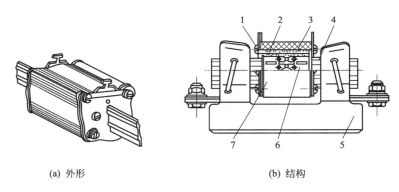

(a) 外形　　　　　　　　　　　(b) 结构

图 1-12　RT0 系列有填料封闭管式熔断器

1—熔断指示器；2—石英砂填料；3—指示器熔丝；
4—插刀；5—底座；6—熔体；7—熔管

三、熔断器的符号及型号含义

熔断器的图形及文字符号如图 1-13 所示。

FU

图 1-13　熔断器的图形及文字符号

型号含义：

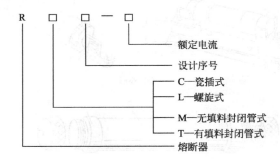

四、熔断器的使用

对于瓷插式，电源线和负载线分别接在瓷底两端的静触头上，熔体接在瓷盖两端的动触头上，并经过瓷盖中间的凸起部分。插入瓷盖时要保证动、静触头接触良好，而且熔体不能受到机械损伤。对于螺旋式，将带色标的熔断管一端插入瓷帽，再将瓷帽连同熔管一起拧入瓷套，负载线接到连接金属螺纹壳的上接线端，电源线接到瓷座上的下接线端，并保证各处接触良好。另外，铅、锡、锌为低熔点材料，所制成的熔体不易熄弧，一般用在小电流电路中；银、铜、铝为高熔点材料，所制成的熔体易熄弧，一般用在大电流电路中。当熔体已熔断或已严重氧化，需要更换熔体时，还应注意使新换熔体和原来熔体的规格保持一致，以保证动作的可靠性。

任务四　低压开关及其使用

低压开关是一种用来隔离、转换以及接通和分断电路的控制电器。

一、低压开关的常用类型及适用场合

常用低压开关的主要类型有 HK2 系列开启式负荷开关、HZ10 系列组合开关、DZ20 系列自动空气开关等。

HK2 系列开启式负荷开关（又称瓷底胶盖刀开关）的结构如图 1-14 所示，主要适用于一般的照明电路和功率小于 5.5kW 电动机的控制电路中。

HZ10 系列组合开关（又称转换开关）的外形及结构如图 1-15 所示，一般适用于机床电气控制线路中作为电源的引入开关，也可以用来不频繁地接通和断开电路、通断电源和负载以及控制 5kW 以下的小容量异步电动机的正反转和星三角起动。

DZ20 系列自动空气开关（又称自动空气断路器）的动作原理示意如图 1-16 所示，图中 1、2 为自动空气开关的三副主触头（1 为动触头、2 为静触头），它们串联在被控制的三相电路中。当按下接通按钮 14 时，外力使锁扣 3 克服反力弹簧 16

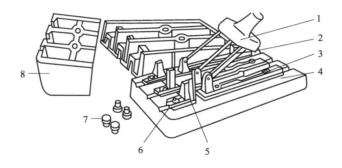

图 1-14 HK2 系列开启式负荷开关
1—瓷柄；2—动触头；3—出线座；4—瓷底座；5—静触头；
6—进线座；7—胶盖紧固螺钉；8—胶盖

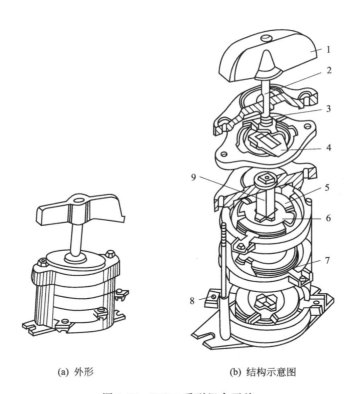

(a) 外形　　　　　　(b) 结构示意图

图 1-15 HZ10 系列组合开关
1—手柄；2—转轴；3—弹簧；4—凸轮；
5—绝缘垫板；6—动触片；7—静触片；
8—接线柱；9—绝缘杆

的斥力，将固定在锁扣上的动触头 1 与静触头 2 闭合，并由锁扣锁住搭钩 4，使开关处于接通状态。当开关接通电源后，电磁脱扣器、热脱扣器及欠电压脱扣器若无异常反应，开关运行正常。

当线路发生短路或严重过载电流时，短路电流超过瞬时脱扣整定值，电磁脱扣

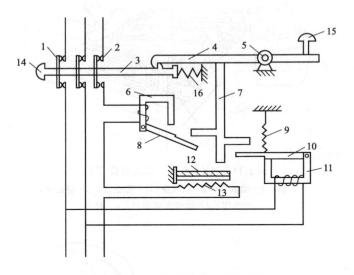

图 1-16　自动空气开关原理示意图

1—动触头；2—静触头；3—锁扣；4—搭钩；5—转轴座；6—电磁脱扣器；
7—杠杆；8—电磁脱扣器衔铁；9—拉力弹簧；10—欠压脱扣器衔铁；
11—欠电压脱扣器；12—热双金属片；13—热元件；
14—接通按钮；15—停止按钮；16—反力弹簧

器 6 产生足够大的吸力，将衔铁 8 吸合并撞击杠杆 7，使搭钩 4 绕转轴座 5 向上转动与锁扣 3 脱开，锁扣在反弹簧 16 的作用下，将三副主触头分断，切断电源。

当线路发生一般性过载时，过载电流虽不能使电磁脱扣器动作，但能使热元件 13 产生一定的热量，促使双金属片 12 受热向上弯曲，推动杠杆 7 使搭钩与锁扣脱开将主触头分断。

欠电压脱扣器 11 的工作过程与电磁脱扣器恰恰相反，当线路电压正常时，欠电压脱扣器 11 产生足够的吸力，克服拉力弹簧 9 的作用将衔铁 10 吸合，衔铁与杠杆脱离，锁扣与搭钩才得以锁住，主触头方能闭合。当线路上电压全部消失或电压降到某一数值时，欠压脱扣器吸力消失或减小，衔铁拉力弹簧拉开并撞击杠杆，主电路电源被分断。同样道理，在无电源电压或电压过低时，自动空气开关也不能接通电源。

正常分断电路时，按下停止按钮 15 即可。

自动空气开关集控制和多种保护功能于一身，用途广泛，除能完成接通和分断电路外，还能对电路或电气设备发生的短路、严重过载及欠压等进行保护，同时也可用于不频繁启动的电动机。

二、低压开关的符号及型号含义

图 1-17 为刀开关及组合开关的图形及文字符号，图 1-18 为自动开关的图形及文字符号。

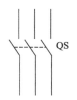

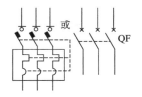

图 1-17　刀开关及组合开关的
图形及文字符号

图 1-18　自动开关的图形
和文字符号

刀开关的型号含义：

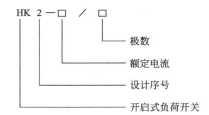

组合开关的型号含义：

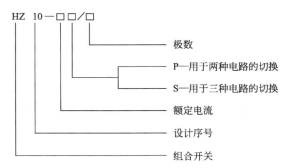

自动空气开关的型号含义：

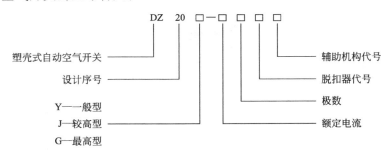

三、低压开关的使用

使用开启式负荷开关时，必须垂直安装在控制屏或开关板上，绝不允许倒装，以防手柄因自重落下，引起误合闸。接线时应把电源线接在上端，负载线接在下端，并装接熔丝作为短路和严重过载保护。开启式负荷开关不宜带负载操作，若带小功率负载操作时，分合闸动作应迅速，使电弧较快熄灭。

使用组合开关时，将其安装在控制屏面板上，面板外只能看到转换手柄，其他部分均在屏内，操作频率不能过高，一般每小时不宜超过 5~20 次，当用于电动机正反转控制时，应在电动机完全停转后，方可允许反向启动，否则容易烧坏开关或造成弧光短路事故。

使用自动空气开关时一般应注意下面几点。

① 安装前先检查其脱扣器的整定电流是否与被控线路、电动机等的额定电流相符，核实有关参数，满足要求方可安装。

② 应按规定垂直安装，连接导线要按规定截面选用。

③ 操作机构在使用一定次数后，应添加润滑剂。

④ 定期检查触头系统，保证触头接触良好。

任务五　主令电器及其使用

主令电器是在自动控制系统中用来发送控制指令或信号的操纵电器。

一、常用主令电器的类型及适用场合

常用主令电器有按钮、行程开关、转换开关、凸轮控制器等。

1. 按钮

按钮开关主要是在控制电路中，发出手动指令去控制其他电器（接触器、继电器等），再由其他电器去控制主电路，或者转移各种信号。以 LA18、LA19 系列为例，其外形及结构如图 1-19 所示。

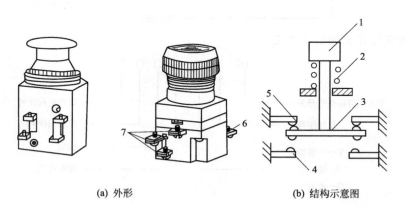

(a) 外形　　　　　　　　　(b) 结构示意图

图 1-19　按钮开关

1—按钮帽；2—复位弹簧；3—动触头；4—常开触点的静触头；

5—常闭触点的静触头；6,7—触头接线柱

LA18 系列按钮采用积木式结构，触头数目可按需要拼装，一般装成二常开、二常闭，也可根据需要装成一常开、一常闭至六常开、六常闭。其按钮的结构形式

可分为按钮式、紧急式、旋钮式及钥匙式等。LA19、LA20 系列有带指示灯和不带指示灯两种，前者按钮帽用透明塑料制成，兼作指示灯罩。为了标明各个按钮的作用，避免误操作，通常将按钮帽作成不同的颜色，以示区别，其颜色有红、绿、黑、黄、白等。一般以红色表示停止按钮，绿色表示启动按钮。

2. 行程开关

行程开关主要用来限制机械运动的位置或行程，使运动机械按一定位置或行程自动停止、反向运动、变速运动或自动往返运动等。以 JLXK1 系列为例，其结构及动作原理如图 1-20 所示。

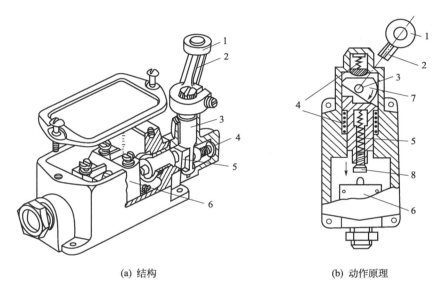

(a) 结构　　　　　　　　　　　　　　(b) 动作原理

图 1-20　JLXK1 系列行程开关结构和动作原理

1—滚轮；2—杠杆；3—转轴；4—复位弹簧；5—撞块；6—微动开关；7—凸轮；8—调节螺钉

当运动机械的挡铁撞到行程开关的滚轮上时，传动杠杆连同转轴一起转动，使凸轮推动撞块，当撞块被压到一定位置时，推动微动开关快速动作，使其常闭触头分断，常开触头闭合；当滚轮上的挡铁移开后，复位弹簧就使行程开关各部分恢复原始位置，这种自动恢复的行程开关是依靠本身的恢复弹簧来复原的，在生产机械中应用较为广泛。

3. 万能转换开关

万能转换开关是一种多挡式，控制多回路的主令电器，一般可作为各种配电装置的远距离控制，也可作为电压表、电流表的换向开关，还可以作为小容量电动机（2.2kW 以下）的起动、调速、换向之用。常用的有 LW5、LW6 等系列。LW6 系列开关由操作机构、面板、手柄及数个触头座等主要部件组成，用螺栓组装成一个整体。其操作位置有 2～12 个，触头底座有 1～10 层，其中每层底座均可装三对触头，并由底座中间的凸轮进行控制。由于每层凸轮可做成不同的形状，因此，当手柄转到不同位置时，通过凸轮的作用，可使各对触头按所需要的规律接通和分断。图 1-21 为 LW6 系列万能转换开关中某一层的结构示意图。

二、主令电器的符号及型号含义

图 1-22、图 1-23、图 1-24 分别为按钮开关、行程开关、万能转换开关的图形及文字符号。

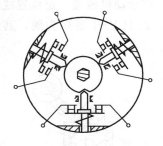

图 1-21　LW6 系列万能转换
开关结构示意图

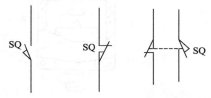

(a) 常开触头　(b) 常闭触头　(c) 复式触头

图 1-22　按钮开关的图形和文字符号

图 1-23　行程开关图形和文字符号

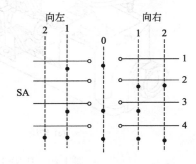

图 1-24　万能转换开关的
图形和文字符号

按钮的型号含义：

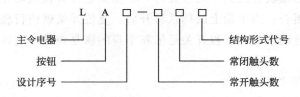

行程开关的型号含义：

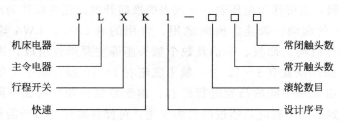

三、主令电器的使用

使用按钮开关时，应注意触头间的清洁，防止油污、杂质进入造成短路或接触不良等事故，在高温场合下使用的按钮，安装时应加紧固垫圈，或在接线柱螺钉处加绝缘套管。带指示灯的按钮不宜长时间通电，在使用中，设法降低灯泡电压，以延长其使用寿命。

使用行程开关时，其安装位置要准确、牢固。若在运动部件上安装，接线应有套管加以保护，使用时，要定期检查，防止尘垢造成接触不良或接线松脱产生误动作。

任务六　接触器及其使用

接触器是利用电磁吸力及弹簧反力的配合作用，使触头闭合与断开的一种电磁式自动切换电器。

一、接触器的常用类型及适用场合

常用接触器类型有 CJ_0、CJ_{10}、CJ_{20} 系列交流接触器及 CZ_0、CZ_{18}、CZ_{21}、CZ_{22} 系列直流接触器等。以 CJ_{20} 系列为例，其结构示意图如图 1-25 所示。主要由以下四部分组成。

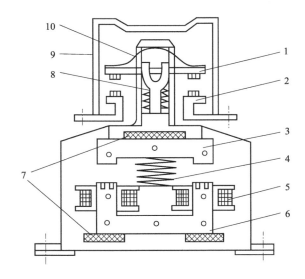

图 1-25　CJ_{20} 系列交流接触器结构示意图

1—动触头；2—静触头；3—衔铁；4—弹簧；5—线圈；6—铁芯；

7—垫毡；8—触头弹簧；9—灭弧罩；10—触头压力簧片

① 电磁系统。用来操作触头闭合与分断，包括线圈、铁芯和衔铁。

② 触头系统。起着分断和闭合电路的作用，包括主触头和辅助触头，主触头用于通断主电路，通常为五对常开触头，辅助触头用于控制电路，起电器联锁作用，一般常开、常闭各两对。

③ 灭弧装置。起着熄灭电弧的作用，容量在 10A 以上的都有灭弧装置。对于小容量的，常采用双断口触头灭弧、电动力灭弧、相间弧板隔弧及陶土灭弧罩灭弧等；对于大容量的采用纵缝灭弧罩及栅片灭弧。

④ 其他部件。主要包括反作用弹簧、缓冲弹簧、触头压力弹簧、传动机构及外壳等。

直流接触器主要由电磁系统、触头系统及灭弧装置组成，其工作原理与交流接触器基本相同。

接触器适用于频繁地遥控接通和断开电动机或其他负载主电路及控制电路，由于具备低电压释放功能，所以还当作保护电器用。

二、接触器的符号及型号含义

图形及文字符号如图 1-26 所示。

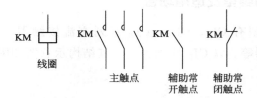

图 1-26   接触器的图形和文字符号

型号含义：

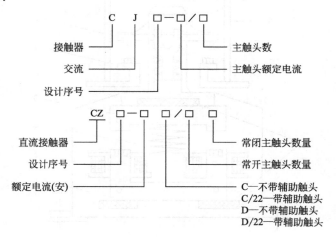

三、接触器的使用

接触器使用中一般应注意以下几点。

① 核对接触器的铭牌数据是否符合要求。

② 一般应安装在垂直面上，而且倾斜角不得超过 5°，否则会影响接触器的动作特性。

③ 安装时应按规定留有适当的飞弧空间，以免飞弧烧坏相邻器件。

④ 检查接线正确无误后，应在主触头不带电的情况下，先使电磁线圈通电分合数次，检查其动作是否可靠，然后才能正式投入使用。

⑤ 使用时，应定期检查各部件，要求可动部分无卡住、紧固件无松脱、触头表面无积垢，灭弧罩不得破损，温升不得过高等。

任务七　继电器及其使用

继电器是一种根据电或非电信号的变化来接通或断开小电流电路的自动控制电器。其输入量可以是电流、电压等电量，也可以是温度、时间、速度等非电量，而输出则是触头的动作或电参数的变化。

一、常用继电器的类型及适用场合

常用继电器的主要类型有电压继电器、电流继电器、中间继电器、时间继电器、热继电器和速度继电器等。这里以 JZ7 系列中间继电器、JS7 系列时间继电器、JR16 系列热继电器、JY1 系列速度继电器等为例，介绍常用继电器的工作原理。

1. 中间继电器

中间继电器原理与接触器相同，只是其触头系统中无主、辅触头之分，触头容量相同。中间继电器的触头容量较小，对于电动机额定电流不超过 5A 的电气控制系统，也可代替接触器来控制，所以，中间继电器也是小容量的接触器。

中间继电器主要适用于以下两方面。

① 当电压或电流继电器触头容量不够时，可借助中间继电器来控制，用中间继电器作为执行元件，这时中间继电器被当作一级放大器用。

② 当其他继电器或接触器触头数量不够时，可利用中间继电器来切换多条电路。

2. 时间继电器

时间继电器主要适用于需要按时间顺序进行控制的电气控制系统中，它接受控制信号后，使触头能够按要求延时动作。

JS7 系列时间继电器的动作原理如图 1-27 所示。

当线圈 1 通电后，衔铁 3 被铁芯 2 吸合，活塞杆 6 在塔形弹簧 7 的作用下，带动活塞 13 及橡皮膜 9 向上移动，但由于橡皮膜下方气室的空气稀薄而形成负压，因此活塞杆 6 只能缓慢地向上移动，其移动的速度视进气孔的大小而定，可通过调节螺杆 11 进行调整。经过一定的延时时间后，活塞杆才能移到最上端，这时通过杠杆 15 带动微动开关 14，使其常闭触头断开，常开触头闭合，起到通电延时

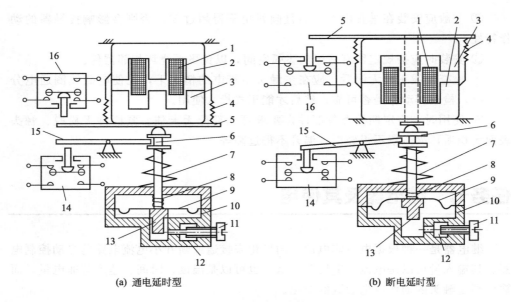

(a) 通电延时型　　　　　　　　　　　(b) 断电延时型

图 1-27　JS7 系列时间继电器动作原理

1—线圈；2—铁芯；3—衔铁；4—反力弹簧；5—推板；6—活塞杆；7—塔形弹簧；
8—弱弹簧；9—橡皮膜；10—空气室壁；11—调节螺杆；12—进气孔；
13—活塞；14，16—微动开关；15—杠杆

作用。

　　当线圈 1 断电时，电磁吸力消失，衔铁 3 在反作用力弹簧 4 的作用下释放，并通过活塞杆 6 将活塞 13 推向下端，这时橡皮膜 9 下方气室内的空气通过橡皮膜 9、弱弹簧 8、活塞 13 的肩部所形成的单向阀，迅速地从橡皮膜上方的气室缝隙中排掉。因此杠杆 15 和微动开关 14 能迅速复位。

　　在线圈 1 通电和断电时，微动开关 16 在推板 5 的作用下，都能瞬时动作，为时间继电器的瞬动触头。

　　断电延时型时间继电器，显然是将通电延时型时间继电器的电磁机构翻转 180°而成。

3. 热继电器

　　热继电器主要适用于电动机的过载保护、断相保护、电流不平衡的保护及其他电气设备发热状态的控制。

　　JR16 系列热继电器的工作原理及结构如图 1-28 所示。

　　工作时，热元件 1 与电动机定子绕组串联，绕组电流即为流过热元件的电流。电机正常运行时，热元件产生的热量虽然能使双金属片 2 弯曲，但还不足以使继电器动作。当电动机过载时，流过热元件的电流增大，热元件产生的热量增加，使双金属片弯曲位移增大，经过一定时间后，双金属片 2 推动导板 3 使继电器触头动作，切断电动机控制电路。

4. 速度继电器

　　速度继电器主要由转子、定子和触头三部分组成，转子是一个圆柱形永久磁

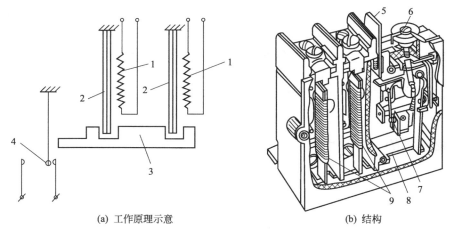

(a) 工作原理示意   (b) 结构

图 1-28　JR16 系列热继电器

1—热元件；2—双金属片；3—导板；4—触头；5—复位按钮；6—调整整定电流装置；

7—常闭触头；8—动作机构；9—热元件

铁，定子是一个笼型空心圆环，由硅钢片叠成，并装有笼型绕组。JY1 系列速度继
电器的外形及结构如图 1-29 所示，其转子 4 与电机轴相连接。当电机转动时，速

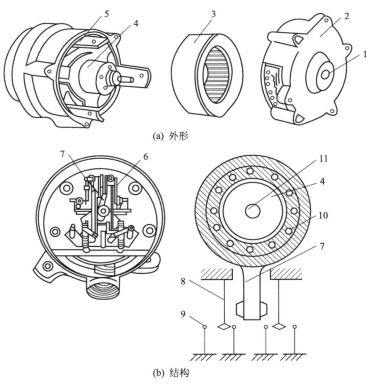

(a) 外形

(b) 结构

图 1-29　JY1 系列速度继电器

1—连接头；2—端盖；3—定子；4—转子；5—可动支架；6—触点；

7—胶木摆锤；8—簧片；9—静触头；10—绕组；11—轴

度继电器的转子随之转动，定子内的短路绕组 10 便切割磁场，产生感应电动势，从而产生电流；此电流与旋转的转子磁场作用产生转矩，于是定子开始转动；当转到一定角度时，装在定子轴上的摆锤 7 推动簧片 8 动作，使常闭触头分断，常开触头闭合。当电动机转速低于某一值时，定子产生的转矩减小，触头在弹簧作用下复位。

通常当速度继电器转轴转速达到 120r/min 以上时，触头即动作；当转轴转速低于 100r/min 时，触头即复位。转速在 3000～3600r/min 以下能可靠地工作。

二、继电器的符号及型号含义

图 1-30～图 1-33 分别为中间继电器、时间继电器、热继电器和速度继电器的图形及文字符号。

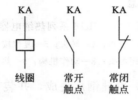

图 1-30　中间继电器图形和文字符号

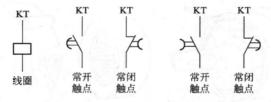

图 1-31　时间继电器图形和文字符号

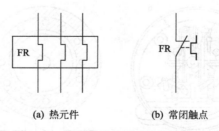

(a) 热元件　　　　　(b) 常闭触点

图 1-32　热继电器的图形和文字符号

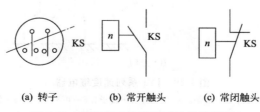

(a) 转子　　　(b) 常开触头　　　(c) 常闭触头

图 1-33　速度继电器的图形和文字符号

中间继电器的型号含义：

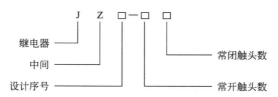

时间继电器的型号含义：

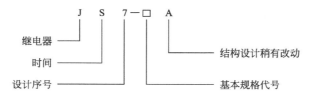

热继电器的型号含义：

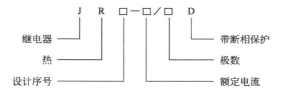

三、继电器的使用

使用继电器时，应注意以下几点：

① 仔细核对继电器的铭牌数据是否符合要求；

② 检查继电器活动部分是否动作灵活、可靠；

③ 清除部件表面污垢；

④ 检查安装是否到位、牢固；

⑤ 检查接线是否正确、使用导线是否合乎规格；

⑥ 使用过程中应定期检查，发现不正常现象，立即处理。

任务八　认识新型低压电器

目前采用的按钮、接触器、继电器等有触点的电器，是通过外界对这些电器的控制，利用其触头闭合与断开来接通或切断电路，以达到控制目的。随着开关速度的加快，依靠机械动作的电器触头难以满足控制要求；同时，有触点电器还存在着一些固有的缺点，如机械磨损、触头的电蚀损耗、触头分合时往往有颤动而产生电弧等。因此，较容易损坏，开关动作不可靠。

随着微电子技术、电力电子技术的不断发展，人们应用电子元件组成各种新型低压控制电器，可以克服有触点电器的一系列缺点。本节简单介绍电气控制系统中较为常用的几种新型电子式无触点低压电器。

一、接近开关

接近开关又称无触点行程开关。它的用途除行程控制和限位保护外，还可作为检测金属体的存在、高速计数、测速、定位、变换运动方向、检测零件尺寸、液面控制及用作无触点按钮等。它具有工作可靠、寿命长、无噪声、动作灵敏、体积小、耐振、操作频率高和定位精度高等优点。

接近开关以高频振荡型最常用，它占全部接近开关产量的80％以上。电路形式多样，但电路结构不外乎是由振荡、检测及晶体管输出等部分组成。它的工作基础是高频振荡电路状态的变化。方框图如1-34所示。

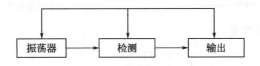

图 1-34　接近开关原理方框图

当金属物体进入以一定频率稳定振荡的线圈磁场时，由于该物体内部产生涡流损耗，使振荡回路电阻增大，能量损耗增加，以致振荡减弱直至终止。因此，在振荡电路后面接上放大电路与输出电路，就能检测出金属物体存在与否，并能给出相应的控制信号去控制继电器，以达到控制的目的。

图 1-35 为 LXJ0 型晶体管无触点接近开关的原理线路图。图中 L 为磁头的电感，与电容器 C_1、C_2 组成了电容三点式振荡回路。

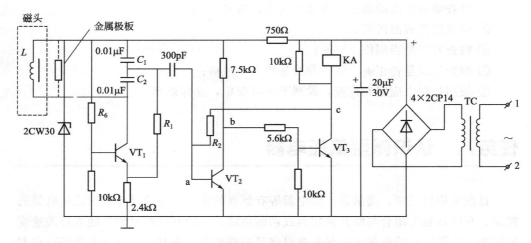

图 1-35　LXJ0 型晶体管无触点接近开关电路图

正常情况下，晶体管 VT_1 处于振荡状态，晶体管 VT_2 导通，使集电极 b 点电位降低，VT_3 基极电流减小，其集电极 c 点电位上升，通过 R_2 电阻对 VT_2 起正反馈，加速了 VT_2 的导通和 VT_3 的截止，继电器 KA 的线圈无电流通过，因此开关不动作。

当金属物体接近线圈时，则在金属体内产生涡流，此涡流将减小原振荡回路的品质因数 Q 值，使之停振。此时 VT_2 的基极无交流信号，VT_2 在 R_2 的作用下加速截止，VT_3 迅速导通，继电器 KA 的线圈有电流通过，继电器 KA 动作。其常闭触头断开，常开触头闭合。

LXJ0 型接近开关的使用电压有交流和直流两种。

使用接近开关时应注意选配合适的有触点继电器作为输出器，同时应注意温度对其定位精度的影响。

二、电子式时间继电器

电子式时间继电器的种类很多，最基本的有延时吸合和延时释放两种，它们大多是利用电容充放电原理来达到延时目的的。

JS20 系列电子式时间继电器具有延时时间长、线路较简单、延时调节方便、性能稳定、延时误差小、触点容量较大等优点。图 1-36 为 JS20 系列电子式时间继电器原理图。刚接通电源时，电容器 C_2 尚未充电，此时 $u_C = 0$，场效应管 VT_6 的栅极与源极之间电压 $U_{GS} = -U_S$。此后，直流电源经电阻 R_{10}、RP_1、R_2 向 C_2 充电，电容 C_2 上电压逐渐上升，直至 u_C 上升到 $|u_C - U_S| < |U_P|$（U_P 为场效应管的夹断电压）时，VT_6 开始导通。由于 I_D 在 R_3 上产生电压降，D 点电位开始下降，一旦 D 点电位降低到 VT_7 的发射极电位以下时，VT_7 将导通。VT_7 的集电极电流 I_C 在 R_4 上产生压降，使场效应管 U_S 降低，使负栅偏压越来越小，R_4 起正反馈作用，VT_7 迅速地由截止变为导通，并触发晶闸管 VT 导通，继电器 KA 动作。由上可知，从时间继电器接通电源开始 C_2 被充电到 KA 动作为止的这段时间即为通电延时动作时间。KA 动作后，C_2 经 KA 常开触点对电阻 R_9 放电，同时氖泡 Ne 起辉，并使场效应管 VT_6 和晶体管 VT_7 都截止，为下次工作做准备。此时

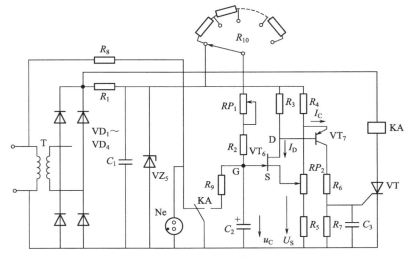

图 1-36　JS20 系列电子式时间继电器电路图

晶闸管 VT 仍保持导通，除非切断电源，使电路恢复到原来的状态，继电器 KA 才释放。

三、电子式电流型漏电开关

电子式漏电开关由主开关、试验回路、零序电流互感器、压敏电阻、电子放大器、晶闸管及脱扣器等组成。其工作原理如图 1-37 所示。

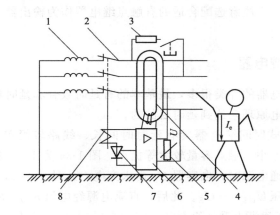

图 1-37　电子式电流型漏电开关工作原理图
1—电源变压器；2—主开关；3—试验回路；4—零序电流互感器；
5—压敏电阻；6—电子放大器；7—晶闸管；8—脱扣器

目前常用的主要有 DZL18 系列。其额定电压为 220V，额定漏电动作电流有 30mA、15mA 和 10mA 三种，对应的漏电不动作电流为 15mA、7.5mA 和 6mA，动作时间小于 0.1s。

漏电开关中，电子组件板是关键部件，它主要由专用集成块和晶闸管组成，图 1-38 是它的原理框图，图中虚线框内部分为专用集成块的结构原理图。

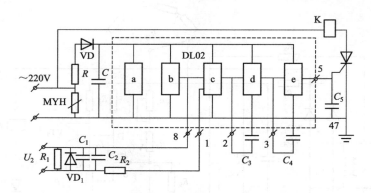

图 1-38　电子组件板原理线路图

漏电或触电信号通过零序电流互感器送入 1、8 端，然后与基准稳压源输出的信号进行比较。当漏电信号小于基准信号时，差动放大器保持其初始状态，2 端为零电平。5 端输出电平小于或等于 0.3V；反之，若漏电信号大于基准信号，2 端输出高电平，该信号被送入电平判别电路，并被滤去干扰信号。一旦确认是漏电信号，当即为整形驱动电路进行整形输出，并通过晶闸管驱动脱扣器，使之动作。稳压回路提供稳定的工作电压。为克服电子器件耐压低的缺点，线路中加入 MYH 型压敏电阻作过电压吸收元件。

四、光电继电器

光电继电器是利用光电元件把光信号转换成电信号的光电器件，广泛用于计数、测量和控制等方面。光电继电器分亮通和暗通两种电路，亮通是指光电元件受到光照射时，继电器 KA 吸合。暗通是指光电元件无光照射时，继电器 KA 吸合。

图 1-39 是 JG-D 型光电继电器电路原理图。此电路属亮通电路，适用于自动控制系统中，指示工件是否存在或所在位置。继电器的动作电流 >1.9mA，释放电流 <1.5mA，发光头与接收头的最大距离可达 50m。

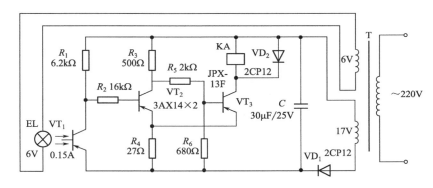

图 1-39　JG-D 型光电继电器电路原理图

工作原理：220V 交流电经变压器 T 降压、二极管 VD_1 整流、电容器 C 滤波后作为继电器的直流电源。T 的次级另一组 6V 交流电源直接向发光头 EL 供电。晶体管 VT_2、VT_3 组成射极耦合双稳态触发器。在光线没有照射到光敏三极管 VT_1 上时，VT_2 基极处于低电位而导通，VT_3 截止，继电器 KA 不吸合。当光照射到 VT_1 上，VT_2 基极变为高电位而截止，VT_3 就导通，KA 吸合，能准确地反映被测物是否到位。必须指出，光电继电器安装、使用时，应避免振动及阳光、灯光等其他光线的干扰。

五、温度继电器

在温度自动控制或报警装置中，常采用带电触点的水银温度计或热敏电阻、热电偶等制成的各种形式的温度继电器。

图 1-40 是用热敏电阻作为感温元件的电子温度继电器电路图。晶体管 VT_1、VT_2 组成射极耦合双稳态电路。晶体管 VT_3 之前串联接入稳压管 VZ_1，可提高反相器开始工作的输入电压值，使整个电路的开关特性更加良好。适当调整电位器

RP_2 的电阻，可减小双稳态电路的回差。RT 采用负温度系数的热敏电阻器，当温度超过极限值时，使 A 点电位上升到 $2 \sim 4V$，触发双稳态电路翻转。

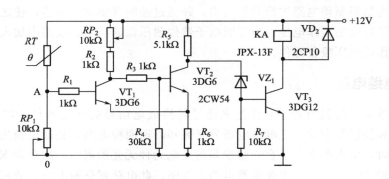

图 1-40　电子温度继电器电路图

电路的工作原理：当温度在极限值以下时，RT 呈现很大电阻值，使 A 点电位在 2V 以下，则 VT_1 截止，VT_2 导通，VT_2 的集电极电位约 2V 左右，远低于稳压管 $VZ_1 5 \sim 6.5V$ 的稳定电压值，VT_3 截止，继电器 KA 不吸合。当温度上升到超过极限值时，RT 阻值减小，使 A 点电位上升到 $2 \sim 4V$，VT_1 立即导通，迫使 VT_2 截止，VT_2 集电极电位上升，VZ_1 导通，VT_3 导通，KA 吸合。

该温度继电器可利用 KA 的常开或常闭触头对加热设备进行温度控制，对电动机能实现过热保护等。可通过调整电位器 RP_1 的阻值来实现对不同温度的控制。

六、固态继电器

固态继电器（SSR）是近年发展起来的一种新型电子继电器，具有开关速度快、工作频率高、重量轻、使用寿命长、噪声低和动作可靠等一系列优点，不仅在许多自动化装置中代替了常规电磁式继电器，而且广泛应用于数字程控装置、调温装置、数据处理系统及计算机输入输出接口等电路。固态继电器按其负载类型分类，可分为直流型（DC-SSR）和交流型（AC-SSR）。

常用的 JGD 系列多功能交流固态继电器电路原理如图 1-41 所示。当无信号输

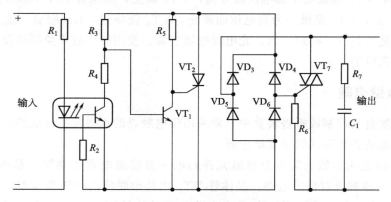

图 1-41　有电压过零功能的交流固态继电器电路原理图

入时，光电耦合器中的光敏三极管截止，VT_1 管饱和导通，VT_2 截止，晶体管 VT_1 经桥式整流电路 $VD_3 \sim VD_6$，而引入的电流很小，不足以使双向可控硅 VT_7 导通。

有信号输入时，光电耦合器中的光敏三极管导通，当交流负载电源电压接近零点时，电压值较低，经过 $VD_3 \sim VD_6$ 整流，R_3 和 R_4 上分压不足以使 VT_1 导通。而整流电压却经过 R_5 为可控硅 VT_2 提供了触发电流，故 VT_2 导通。这种状态相当于短路，电流很大，只要达到双向可控硅 VT_7 的导通值，VT_7 便导通。VT_7 一旦导通，不管输入信号存在与否，只有当电流过零才能恢复关断。电阻 R_7 和电容 C_1 组成浪涌抑制器。

图 1-42 为交流 SSR 的外部引线图。

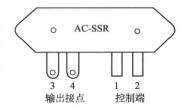

图 1-42　交流 SSR 外部引线图

一般在电路设计时，应让 SSR 的开关电流至少为断态电流的 10 倍，负载电流若低于该值，则应该并联电阻 R，以提高开关电流，如图 1-43 所示。

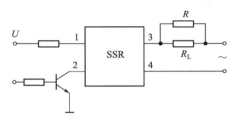

图 1-43　交流 SSR 用于小负载接线

图 1-44 为利用交流 SSR 控制三相负载的情况，此时要注意 SSR 的驱动电流已增加。当固态继电器的负载驱动能力不能满足要求时，可外接功率扩展器，如直流 SSR 可外接大功率晶体管、单向可控硅驱动，交流 SSR 可采用大功率双向可控硅驱动。

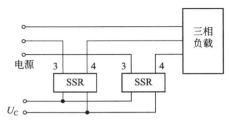

图 1-44　两路 SSR 控制三相负载

JGD 型多功能固态继电器按输出额定电流划分共有四种规格，即 1A、5A、10A、20A，电压均为 220V，选择时应根据负载电流确定规格。

① 电阻型负载，如电阻丝负载，其冲击电流较小，按额定电流 80% 选用。

② 冷阻型负载，如冷光卤钨灯，电容负载等，浪涌电流比工作电流高几倍，一般按额定电流的 50%～30% 选用。

③ 电感性负载，其瞬变电压及电流均较高，额定电流要按冷阻性选用。

固态继电器用于控制直流电动机时，应在负载两端接入二极管，以阻断反电势。控制交流负载时，则必须估计过电压冲击的程度，并采取相应保护措施（如加装 RC 吸收电路或压敏电阻等）。当控制电感性负载时，固态继电器的两端还需加压敏电阻。

思考与练习

1. 什么是低压电器？
2. 低压电器按用途分哪几类？
3. 低压电器的主要技术参数有哪些？
4. 选用低压电器时应注意哪些事项？
5. 电磁机构有哪几部分组成？
6. 铁芯和衔铁的结构形式分哪几种？
7. 触头的形式有哪几种？
8. 灭弧方式一般分为哪几种？
9. 什么是熔断器安秒特性？
10. 熔断器的主要作用是什么？常用的类型有哪几种？
11. 使用熔断器应注意什么？
12. 试简述自动空气开关的动作原理。
13. 使用低压开关应注意什么？
14. 什么是主令电器？使用时应注意什么？
15. 接触器主要由哪几部分组成？
16. 使用接触器应注意什么？
17. 什么是继电器？常用的有哪些种类？
18. 接近开关适用哪些场合？有什么优点？
19. 固态继电器适用哪些场合？有什么优点？
20. 使用固态继电器时应注意什么？
21. 无触点电器有何优点？

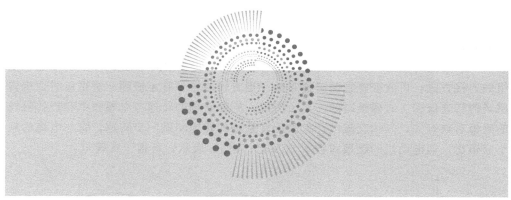

项目二
三相异步电动机

任务一　三相异步电动机结构认识

电动机的工作原理是建立在电磁感应定律基础上的。三相异步电动机定子和转子间气隙内有一个旋转磁场，转子绕组中的感应电流与旋转磁场相互作用，产生电磁转矩，驱动转子转动，从而使电动机工作。

如图 2-1 所示，当磁铁旋转时，转子导体做切割磁力线的相对运动，在转子导体中产生感应电动势，从而产生感应电流，转子导体受到磁场力的作用，在电磁转矩作用下与磁铁同方向旋转。

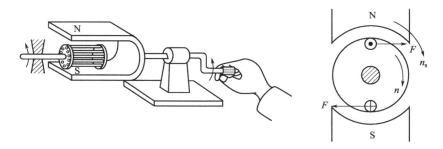

图 2-1　转子跟随旋转磁铁转动

三相定子绕组通入三相对称交流电流 i_u、i_v、i_w，在空间产生的磁场如图 2-2 所示。

由图 2-2 可知，三相绕组在空间位置上互差 120°，三相交流电流在转子空间产生的旋转磁场具有 1 对磁极（N 极、S 极各 1 个），若电流相位变化 120°，磁场在空间旋转 120°，三相交流电流变化一个周期，2 极（1 对磁极）旋转磁场旋转 360°，三相交流电流产生的合成磁场随电流变化在转子空间不断旋转。改变定子绕组的连接方式，可改变磁场的磁极对数。当旋转磁场具有 4 极即 2 对磁极时，旋转磁场的转速仅为 1 对磁极时的一半。所以，旋转磁场的转速与电源频率和旋转磁场的磁极对数有关。三相交流电产生的旋转磁场的转速叫做同步转速，它与电流的频率成正比，与电动机的磁极对数 p 成反比，用 n_0 表示，可由下式确定：

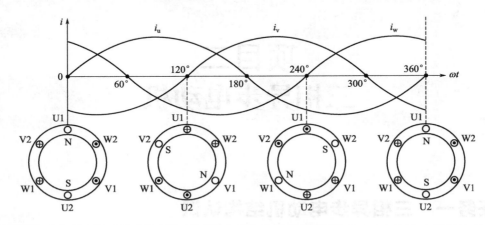

图 2-2　三相电流产生的旋转磁场

$$n_0 = 60f_1/p$$

式中　n_0——电动机同步转速（即旋转磁场的转速），r/min；

　　　f_1——定子电流频率，Hz；

　　　p——磁极对数（由三相定子绕组的布置和连接决定）。

磁极对数与同步转速的关系如表 2-1 所示。

表 2-1　磁极对数与同步转速的关系

磁极对数	L	2	3	4	5	6
同步转速/r/min	3000	1500	1000	750	600	500

电动机转子的转动方向与旋转磁场的旋转方向相同，如果需要改变电动机转子的转动方向，必须改变旋转磁场的旋转方向。旋转磁场的旋转方向与通入定子绕组的三相交流电流的相序有关，因此，将定子绕组接入三相交流电源的导线任意对调两根，则旋转磁场改变转向，电动机也随之换向。

三相异步电动机的定子绕组在空间上对称，通入三相对称的交流电流后会在电动机内部建立起一个恒速旋转磁场，转子在电磁转矩作用下与旋转磁场同向转动，转速始终小于旋转磁场的转速，如果两者速度相等，则转子与旋转磁场之间便没有相对运动，转子导体不切割磁力线，不能产生感应电动势和感应电流，转子就不会受到电磁力矩的作用，这就是异步电动机名称的由来。转子的速度小于旋转磁场的速度是异步电动机工作的必要条件。由于异步电动机定子和转子之间的能量传递是靠电磁感应作用的，因此异步电动也称为感应电动机。

电动机的同步转速 n_0 与转子的转速 n 之差称为转差，转差与同步转速 n_0 的比值称为转差率。用 s 表示，即

$$s = (n_0 - n)/n_0 \times 100\%$$

转差率是分析异步电动机运动情况的一个重要参数。在电动机启动时，$n=0$，$s=1$；当 $n=n_0$ 时（理想空载运行），$s=0$；稳定运行时，n 接近 n_0，s 很小，一般在 $2\%\sim8\%$。

三相异步电动机由定子、转子两部分组成，分为笼型和绕线式两大类。笼型异步电动机结构简单，维护方便，主要部件如图 2-3 所示；绕线式异步电动机结构复杂，一般只用在有特殊要求的场合，结构如图 2-4 所示。

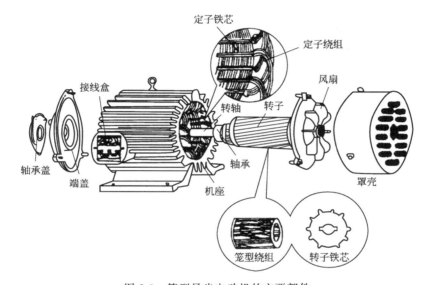

图 2-3　笼型异步电动机的主要部件

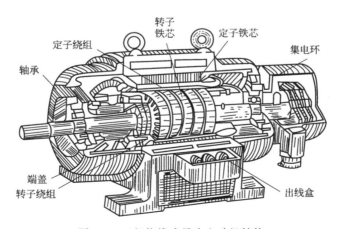

图 2-4　三相绕线式异步电动机结构

1. 定子

三相异步电动机的定子由定子铁芯、定子绕组、机座、端盖及罩壳等部件组

成。机座一般由铸铁制成。

（1）定子铁芯

定子铁芯要有良好的导磁性能，剩磁小，一般用 0.5mm 厚的表面覆盖绝缘层的硅钢片叠压而成。定子铁芯内圆冲有冲均匀分布的槽，用于嵌放三相定子绕组。

（2）定子绕组

三相绕组用铜线或铝线绕制成，按一定的规则嵌放在定子槽中。小型异步电动机定子绕组一般采用高强度漆包圆铜线绕制，大中型异步电动机则用漆包扁铜线或玻璃丝包扁铜线绕制。三相定子绕组之间及绕组与定子铁芯之间均垫有绝缘材料。

定子三相绕组的结构完全对称，一般有 6 个出线端，始端标以 U1、V1、W1，末端标以 U2、V2、W2，六个端子均引出至机座外部的接线盒，并根据需要接成星形或三角形。如图 2-5 所示。

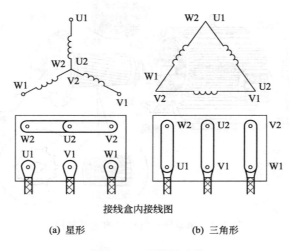

接线盒内接线图

(a) 星形　　　　　　　　　(b) 三角形

图 2-5　三相绕组连接

（3）机座

机座的作用是固定定子绕组和定子铁芯，并通过两侧的端盖和轴承来支撑电动机转子，同时构成电动机的电磁通路，并发散电动机运行中产生的热量。

机座通常为铸铁件，大型异步电动机机座一般用钢板焊成，而微型电动机的基座则采用铸铝件。封闭式电动机的基座外面有散热筋，以增加散热面积，防护式电动机的机座两端端盖开有通风孔，使电动机内外的空气可以直接对流，以利于散热。

（4）端盖

端盖对内部起保护作用，并借助滚动轴承将电动机转子和机座连成一个整体。

2. 转子

转子由转子铁芯和转子绕组组成。转子铁芯也是由相互绝缘的硅钢片叠成的。铁芯外圆冲有槽，槽内安装转子绕组。

（1）转子铁芯

作为电动机磁路的一部分，并放置转子绕组。转子铁芯一般用 0.5mm 厚的硅钢片叠压而成，硅钢片外圆冲有均匀分布的孔，用来安置转子绕组。一般小型异步电动机的转子铁芯直接压装在转轴上，而大中型异步电动的转子铁芯则借助于转子支架压在转轴上。为了改善电动机的启动和运行性能，减少谐波，笼型异步电动机转子铁芯一般都采用斜槽结构，如图 2-6 所示。

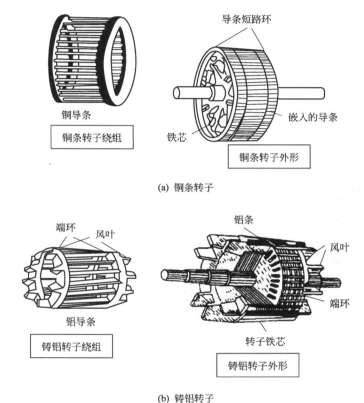

(a) 铜条转子

(b) 铸铝转子

图 2-6　笼型转子

转子部分是由转子铁芯和转子绕组组成的。转子铁芯也是由相互绝缘的硅钢片叠成的。转子冲片如图 2-7 所示。铁芯外圆冲有槽，槽内安装转子绕组。根据转子绕组结构不同可分为两种形式：笼型转子和绕线型转子。

（2）转子绕组

转子绕组用来切割定子旋转磁场，产生感应电动势和电流，并在旋转磁场的作用下受力而使转子旋转，按绕组不同，异步电动机分为笼型转子和绕线式转子两类。

① 笼型转子。根据导体材料不同，笼型转子分为铜条转子和铸铝转子。铜条转子即在转子铁芯槽内放置没有绝缘的铜条，铜条的两端用短路环焊接起来，形成一个笼型的形状，如图 2-6(a) 所示。另一种结构为中小型异步电动机的笼型转子，

一般为铸铝式转子，采用离心铸铝法，将熔化了的铝浇铸在转子铁芯槽内成为一个完整体，两端的短路环和冷却风扇叶子也一并铸成，如图 2-6(b) 所示，为避免出现气孔或裂缝，目前不少工厂已改用压力铸铝工艺代替离心铸铝。

为提高电动机的启动转矩，在容量较大的异步电动机中，有的笼型转子采用双笼型或深槽结构，笼型转子有内外两个笼，外笼采用电阻率较大的黄铜条制成，内笼则用电阻率较小的紫铜条制成。而深槽转子绕组则用狭长的导体制成。

② 绕线转子。绕线型转子绕组和定子绕组一样，也是一个用绝缘导线绕成的三相对称绕组，被嵌放在转子铁芯槽中，接成星形。绕组的三个出线端分别接到转轴端部的三个彼此绝缘的铜制滑环上。通过滑环与支持在端盖上的电刷构成滑动接触，转子绕组的三个出线端引到机座上的接线盒内，以便与外部变阻器连接，故绕线式转子又称滑环式转子，其外形如图 2-7 所示。调节变阻器的电阻值可达到调节转速的目的。而笼型异步电动机的转子绕组由于本身通过端环直接短接，故无法调节。因此在某些对启动性能及调速性能有特殊要求的设备中，如起重设备、卷扬机械、鼓风机、压缩机和泵类等较多采用绕线转子异步电动机。

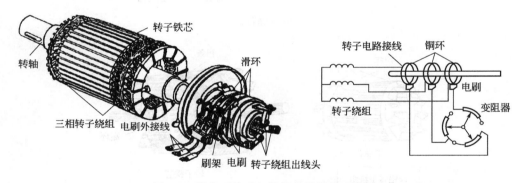

图 2-7　绕线型转子与外部变阻器的连接图

3. 气隙

异步电动机定、转子之间的气隙很小，在中、小型异步电动机中，一般为 0.2～1.5mm。气隙大小对电机性能影响很大，气隙愈大则为建立磁场所需励磁电流就大，从而降低了电机的功率因数。如果把异步电机看成变压器，显然，气隙愈小则定子和转子之间的相互感应（即耦合）作用就愈好。因此应尽量让气隙小些，但也不能太小，否则会给加工和装配困难，运行时定转子之间易发生摩擦，而使电动机运行不可靠。

任务二　三相异步电动机铭牌识读

要想正确地使用三相异步电动机，首先必须了解三相异步电动机铭牌数据。三相异步电动机的铭牌数据如表 2-2 所示。

表 2-2   三相异步电动机的铭牌数据

型号	Y132M-4	功率	7.5kW	频率	50Hz
电压	380V	电流	15.4A	接法	△
转速	1440r/min	绝缘等级	B	工作方式	连续

1. 型号

三相异步电动机的型号是表示三相异步电动机的类型、用途和技术特征的代号。用大写拼音字母和阿拉伯数字组成，各有一定含义。如 Y132M-4：

Y——三相鼠笼型异步电动机；

132——机座中心高 132mm；

M——机座长度代号（L 为长机座，M 为中机座，S 为短机座）；

4——磁极数（磁极对数 $p=2$）。

常用三相异步电动机产品名称代号及汉字意义如表 2-3 所示。

表 2-3   常用三相异步电动机产品名称代号及汉字意义

产品名称	新代号(旧代号)	汉字意义	适用场合
鼠笼式异步电动机	Y,Y-L(J,JO)	异步	一般用途
绕线式异步电动机	YR(JR,JRO)	异步绕线	小容量电源场合
防爆型异步电动机	YB(JB,JBS)	异步防爆	石油、化工、煤矿井下
防爆安全型异步电动机	YA(JA)	异步安全	石油、化工、煤矿井下
高启动转矩异步电动机	YQ(JQ,JQO)	异步启动	静负荷、惯性较大的机器

表中 Y、Y-L 系列是新产品；Y 系列定子绕组是铜线，Y-L 系列定子绕组是铝线。

2. 电压及接法

铭牌上的电压是指电动机额定运行时，加在定子绕组出线端的线电压，即额定电压，用 U_N 表示。电源电压值的变动一般不应超过额定电压的 ±5%。电压过高，电动机容易烧毁；电压过低，电动机难以启动，即使启动后电动机也可能带不动负载，容易烧坏。三相异步电动机的额定电压有 380V、3000V、6000V 等。

Y 系列三相异步电动机的额定电压统一为 380V。电动机如标有两种电压值，如 220/380V，则表示当电源电压为 220V 时，电动机应作三角形连接；当电源电压为 380V 时，电动机应作星形连接。铭牌上的接法是指电动机在额定运行时定子绕组的连接方式。通常，Y 系列 4kW 以上的三相异步电动机运行时均采用三角形接法，以便于采用丫—△换接启动。

3. 电流

铭牌上的电流指电动机在输出额定功率时，定子绕组允许通过的线电流，即额定电流，用 I_N 表示。由于电动机启动时转速很低，转子与旋转磁场的相对速度差很大，因此，转子绕组中感应电流很大，引起定子绕组中电流也很大，所以，电动机的启动电流约为额定电流的 4～7 倍。通常由于电动机的启动时间很短（几秒），所以尽管启动电流很大，也不会烧坏电动机。

4. 功率、功率因数和效率

铭牌上的功率指电动机在额定运行状态下，电动机轴上输出的机械功率，即额定功率，用 P_N 表示。对电源来说电动机为三相对称负载，则电源输出的功率为

$$P_{1N}=\sqrt{3}U_N I_N\cos\varphi$$

式中　$\cos\varphi$ 是定子的功率因数，即定子相电压与相电流相位差的余弦。

鼠笼式异步电动机在空载或轻载时，$\cos\varphi$ 很低，约为 0.2～0.3。随着负载的增加，$\cos\varphi$ 迅速升高，额定运行时功率因数约为 0.7～0.9。为了提高电路的功率因数，要尽量避免电动机轻载或空载运行。因此，必须正确选择电动机的容量，防止"大马拉小车"，并力求缩短空载运行时间。

电动机的效率为

$$\eta=P_N/P_{1N}\times100\%$$

通常情况下，电动机额定运行时的效率约为 72%～93%。

5. 频率

铭牌上的频率是指定子绕组外加的电源频率，即额定频率，用 f_1 或 f_N 表示。我国电网的频率（工频）为 50Hz。

6. 转速

铭牌上的转速是指电动机在额定电压、额定频率及输出额定功率时的转速，用 n_N 表示。由于额定状态下 s_N 很小，n_N 和 n_0 相差很小，故可根据额定转速判断出电动机的磁极对数。例如，若 $n_N=1440$r/min，则其 n_0 应为 1500r/min，从而推断出磁极对 $p=2$。

7. 绝缘等级

绝缘等级是根据电动机绕组所用的绝缘材料、按使用时的最高允许温度而划分的不同等级。常用绝缘材料的等级及其最高允许温度如表 2-4 所示。

表 2-4　常用绝缘材料的等级及其最高允许温度

绝缘等级	A	E	B	F	H	C
最高允许温度/℃	105	120	130	155	180	＞180

上述最高允许温度为环境温度（40℃）和允许温升之和。

8. 工作方式

工作方式是对电动机在铭牌规定的技术条件下持续运行时间的限制，以保证电动机的温升不超过允许值。电动机的工作方式可分为以下 3 种。

（1）连续工作方式

在额定状态下可长期连续工作，用 S1 表示，如机床，水泵，通风机等设备所用的异步电动机的工作方式都是连续工作方式。

（2）短时工作

在额定情况下，持续运行时间不允许超过规定的时限，否则会使电动机过热，用 S2 表示。短时工作分为 10（min），30（min），60（min），90（min）4 种。

（3）断续工作

可按与系列相同的工作周期、以间歇方式运行，用 S3 表示，如吊车、起重机等用电动机的运行方式为断续工作方式。

9. 防护等级

防护等级是指外壳防护型电动机的分级，用 IP×× 表示。其后面的两位数字分别表示电动机防固体和防水能力。数字越大，防护能力越强，如 IP 44 中第一位数字"4"表示电机能防止直径或厚度大于 1mm 的固体进入电机内壳；第二位数字"4"表示能承受任何方向的溅水。

在铭牌上除了给出以上主要数据外，有时还要了解其他一些数据，一般可从产品资料和有关手册中查到。

任务三　三相异步电动机运行分析

1. 空载运行

三相异步电动机定子绕组接在对称的三相电源上，转子轴上不带机械负载时的运行，称为空载运行。空载时，定子绕组中的电流称为空载电流，用 I_0 表示。由于空载运行时转子转速几乎与同步转速相等，转子导体切割磁场的速度很小，可认为转子的感应电动势 $\dot{E}_2 \approx 0$，转子电流 $\dot{I}_2 \approx 0$，则空载运行时的电磁关系为：

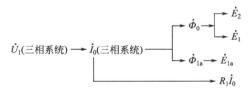

与变压器相比，相同容量的电动机，空载电流要比变压器大得多。大型电动机的空载电流约为额定电流的 20%；小型电动机甚至能达到为额定电流值的 50%，因此电动机的空载电流不可忽略。

造成上述结果的原因是：一方面，旋转磁场的磁通要经过定子与转子之间的空气隙，使磁路的磁阻增大；另一方面，电动机空载时，除有一定的铁损耗和部分铜损耗外，还要产生一定的电磁转矩去克服摩擦阻力，根据能量守恒原理，定子绕组必须向电源取用一定的功率，为此，电动机空载电流也要相应增大。

三相异步电动机的空载电流主要用来产生励磁电流，励磁电流基本是无功电流，这就使空载时电动机功率因数很低，约为 0.2；另外，空载时没有向外输出功率，而电动机自身却有各种损耗，所以效率也很低。空载时，电动机轴上没有任何机械负载，所以空载转速接近于同步转速 n_0。

注意不要用大容量的电动机去拖动小功率的机械负载，因为电动机长期处于空载或轻载状态工作时功率因数和效率都很低。

2. 负载运行

所谓负载运行，是指异步电动机带上机械负载时的运行状态。电动机加上负载后，转子的转速将有所降低，转子与旋转磁场之间的相对转速增大，使转子绕组感应电流增大。根据能量守恒原理，定子的输入电流也增大，电动机的转速和电流都随负载变化的。

负载运行时的电磁关系如下：

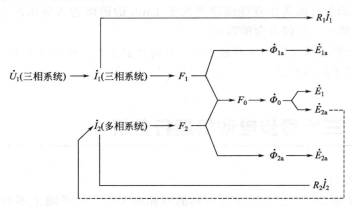

3. 电磁转矩

由于异步电动机的转矩是由载流导体在磁场中受电磁力的作用而产生的，因此转矩的大小与旋转磁场的磁通 φ、转子导体中的电流 I_2 及转子功率因数有关，即有

$$T = C_T \Phi I_2' \cos\varphi_2$$

式中，C_T 为电动机的转矩常数，仅与电机结构有关。

上式可通过一定的数学换算（证明略）变换成下式

$$T = \frac{m_1}{\omega_0} \times \frac{U_1^2 \dfrac{r_2'}{s}}{\left(r_1 + \dfrac{r_2'}{s}\right)^2 + (x_1 + x_2')^2}$$

式中，T 为电磁转矩，可将其看作电动机的输出转矩；U_1 为加在电动机定子每相绕组上的电压；s 为电动机的转差率。此式称为参数表达式。

对一台三相异步电动机而言，它的结构常数及转子参数是固定不变的，电动机轴上输出的转矩 T 仅与电动机的转差率（或转速）有关。在实际应用中，为了更形象地表示转矩与转差率之间的相互关系，常用 T 与 s 间的关系曲线来描述，如图 2-8 所示，该曲线称为三相异步电动机的转矩特性曲线。

在电力拖动系统中，为了便于分析，有时希望能直接表示出电动机的转速与转矩之间的关系，因此常把图 2-8 顺时针转过 90°，并把转差率 s 变换成转速 n，变成图 2-9 所示的 n 与 T 之间的关系曲线，称为三相异步电动机的机械特性曲线，它的形状与转矩特性曲线是一样的。

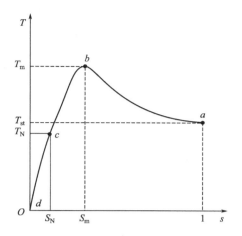

图 2-8　三相异步电动机的转矩特性曲线

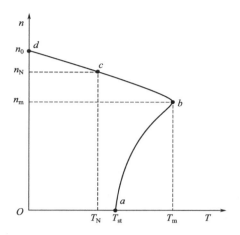

图 2-9　三相异步电动机的机械特性曲线

4. 固有机械特性

由电动机本身固有结构参数决定的机械特性曲线称为固有机械特性。由机械特性可以看到，当 $s=0$，即 $n=n_0$ 时，转子电流 I_2 为 0，$T=0$，由于电动机转速不可能达到 n_0，因此称 d 点为理想空载运行点；随着 s 的增大，T 也开始增大，但到达最大值 T_m 以后，随着 s 的增大，T 反而减小。最大转矩 T_m 也称临界转矩，对应于 T_m 的 s_m 称为临界转差率。

从图 2-9 可以看到，当电动机的负载转矩从理想空载增加到额定转矩 T_N 时，它的转速相应地从 n_0 下降到 n_N。以最大转矩 T_m 为界，可以将机械特性曲线分为两个区，上部为稳定区，称为硬特性；下部为不稳定区。当电动机工作在稳定区内某一点时，电磁转矩与负载转矩相平衡而保持匀速转动。如果负载转矩变化，电磁转矩将自动适应随之变化达到新的平衡而稳定运行。当电动机工作在不稳定区时，电磁转矩将不能自动适应负载转矩的变化，因而不能稳定运行。

（1）额定转矩 T_N

电动机在额定电压下，带上额定负载，以额定转速运行，输出额定功率时的转矩称为额定转矩，用 T_N 表示，即

$$T_N=9.550P_N/n_N$$

式中　P_N——额定功率，kW；

　　　n_N——额定转速，r/min；

　　　T_N——额定转矩，N·m。

（2）最大转矩 T_m

电动机转矩的最大值称为最大转矩，用 T_m 表示（或称为临界转矩，对应于图 2-9 特性曲线上 b 点）。最大转矩对应的转差率称为临界转差率。

电动机正常运行时，最大负载转矩不可超过最大转矩 T_m。当负载转矩超过 T_m 时，电动机将停车，俗称"堵转"，此时电动机的电流（堵转电流）立即增大到额定电流值的 $6\sim7$ 倍，将引起电动机严重过热，甚至烧坏。因此，电动机在运

行中一旦发生堵转，应立即切断电源，并卸去过重的负载。如果负载转矩只是短时间接近最大转矩而使电动机过载，因为时间很短，电动机不会立即过热。通常额定转矩 T_N 要选得比最大转矩 T_m 小，这样电动机便具有短时过载运行的能力。过载能力通常用过载系数 λ 来表示，过载系数 λ 为最大转矩 T_m 与额定转矩 T_N 的比值，即

$$\lambda = T_m/T_N$$

一般三相异步电动机的过载系数为 1.8～2.2。

(3) 启动转矩 T_{st}

电动机在接通电源被启动的最初瞬间，$n=0$，$s=1$ 时的转矩称为启动转矩，用 T_{st} 表示（图 2-9 特性曲线上 a 点）。为了保证电动机能够启动，启动转矩 T_{st} 必须大于电动机静止时的负载转矩 T_L。电动机一旦启动，会迅速进入机械特性的稳定区运行。启动能力通常用 T_{st}/T_N 来表示。一般 T_{st}/T_N 取 1.3～2.2。

当 $T_{st} < T_L$ 时，电动机无法启动，造成堵转，也会烧坏电动机。

5. 人为机械特性

人为机械特性是指人为地改变电动机参数或电源参数所得到的机械特性。

(1) 转子回路串电阻的人为机械特性

转子回路串电阻只适用于绕线式转子。当电源电压为定值时，临界转差率与转子电阻 R_2 成正比，R_2 愈大，s_m 就愈小。在转子电路中串入不同的附加电阻，电动机的工作点可沿图 2-10 中的 a、b、c 点移动，使转差率 s 逐渐变大，转速 n 变小，故异步电动机可以通过在转子电路中串接不同的电阻来实现调速。

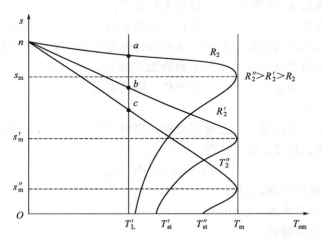

图 2-10　转子串入不同电阻时的人为机械特性

(2) 降低定子电压的人为机械特性

由于最大转矩 T_m 与 U_1^2 成正比，与转子电阻 R_2 的大小无关，因此当电源电压有波动时，电动机最大转矩也随之变化。图 2-11 所示时定子降压时的人为机械特性。

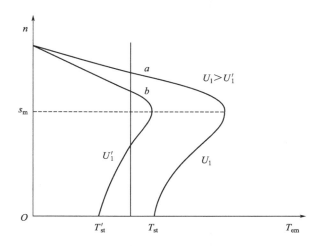

图 2-11　定子降压时的人为机械特性

6. 转速转矩特性

异步电动机是通过电磁感应作用把电能转化为轴上输出的机械能的，轴上输出的机械功率 P_2 总是小于从电网输入的电功率 P。从气隙传递到转子的电磁功率分为两部分，一小部分变为转子铜损耗，绝大部分转变为总机械功率。转差率越大，转子铜损耗就越多，电机效率越低。因此正常运行时电机的转差率均很小。

电磁转矩从转子方面看，等于总机械功率除以转子机械角速度；从定子方面看，它又等于电磁功率除以同步机械角速度。

三相异步电动机在额定电压和额定频率下，电动机的转速 n（或转差率 s）、电磁转矩 T（或输出转矩 T_2）、定子电流 I_1、效率 η、功率因数 $\cos\varphi_1$ 与输出功率 P_2 之间的关系曲线见图 2-12，称为三相异步电动机的工作特性曲线。

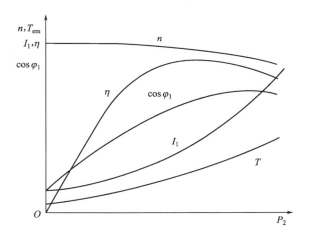

图 2-12　三相异步电动机的工作特性曲线

因为 $n=(1-s)n_0$，电机空载时，负载转矩小，转子转速 n 接近同步转速 n_0，s 很小。随着负载的增加，转速 n 略有下降，s 略微上升，这时转子感应电势势 E_2 增大，转子电流 I_2 增大，以产生更大的电磁转矩。转速特性是一条稍微下降的曲线，$s=f(P_2)$ 曲线则是稍微上翘的。为减少转子铜耗，一般异步电动机额定负载时的转差率 $s_N=0.02\sim0.06$。

由于 $T=T_2+T_0$，$T_L=T_2=9.55P_2/n$，随着 P_2 增大，电机转速 n 变化很小，而空载转矩 T_0 又近似不变，所以 T 随 P_2 的增大而增大，近似呈直线关系，如图 2-12 所示。

空载时，转子电流 $I_2\approx0$，定子电流几乎全部是励磁电流 I_0。随着负载的增大，转速下降，I_2 增大，相应定子电流 I_1 也增大，如图 2-12 所示。

7. 效率特性

三相异步电动机的损耗分为不变损耗和可变损耗两部分。电动机从空载到满载运行时，由于主磁通和转速变化很小，铁耗 P_{Fe} 和机械损耗 P_j 近似不变，称为不变损耗。而定、转子铜耗 P_{cu1}、P_{cu2} 和附加损耗 P_s 是随负载而变的，称为可变损耗。空载时，$P_2=0$，随着 P_2 增加，可变损耗增加较慢，效率逐渐提高，当可变损耗等于不变损耗时，效率最高。若负载继续增大，铜耗增加很快，效率反而下降。中小型三相异步电动机最高效率出现在 $0.75P_N$ 左右，额定负载下的效率在 $74\%\sim94\%$ 之间。

8. 功率因数特性

异步电动机对电源来说相当于一个感性阻抗，运行时必须从电网吸取感性无功功率，$\cos\varphi_1<1$。空载时，定子电流几乎全部是无功电流，因此 $\cos\varphi_1$ 很低，通常小于 0.2；随着负载增加，定子电流中的有功分量增加，功率因数提高，在接近额定负载时，功率因数最高。超过额定负载后，转速降低，转差率 s 增大，转子功率因数角 $\varphi_2=\arctan\dfrac{X_2}{R_2}$ 变大，$\cos\varphi_2$ 和 $\cos\varphi_1$ 又开始减小。

选用三相异步电动机时应使电动机容量与负载相匹配。如果选得过小，电动机运行时过载。其温升过高，影响寿命甚至损坏电机。如果选得太大，不仅电机价格较高，而且电机长期在低负载下运行，其效率和功率因数都较低，不经济。

9. 旋转磁场分析

三相异步电动机定子绕组是由三组互成 120°的线圈绕组组成的，当通入三相交流电后，就会产生一个旋转磁场。按图 2-13(a) 所示将这 3 个绕组 U1U2，V1V2，W1W2 作星形连接。

根据图 2-13，有如下关系式：

$$i_A=I_m\sin\omega t$$
$$i_B=I_m\sin(\omega t-120°)$$
$$i_C=I_m\sin(\omega t+120°)$$

定子绕组中三相对称电流的波形如图 2-13(b) 所示。假定由绕组首端流入、从末端流出的电流为正，反之为负。用 "⊕" 表示电流沿垂直纸面方向流入，"⊙"

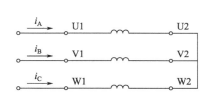

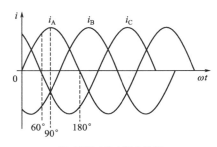

(a) 三相定子绕组示意图　　　　(b) 三相对称电流的波形

图 2-13　三相定子绕组及其波形

表示电流沿垂直纸面方向滚出。

在 $\omega t=0°$ 时，$i_A=0$，i_B 为负，表明电流的实际方向与参考方向相反，即从末端 V2 流入，从首端 V1 流出；i_C 为正，表明电流的实际方向与参考方向一致，即从首端 W1 流入，从末端 W2 流出。三相电流在该瞬间所产生的磁场叠加形成一个两极合成磁场（磁极对数 $p=1$），上为 N 极，下为 S 极，如图 2-14（a）所示。

在 $\omega t=60°$ 时，i_A 为正，电流从首端 U1 流入，从末端 U2 流出；i_B 为负，电流从末端 V2 流入，从首端 V1 流出；$i_C=0$。其合成的两极磁场方位与 $\omega t=0°$ 时相比，已按顺时针方向在空间旋转了 60°，如图 2-14（b）所示。

在 $\omega t=90°$ 时，i_A 为正，电流从首端 U1 流入，从末端 U2 流出；i_B 为负，电流从末端 V2 流入，从首端 V1 流出；i_C 为负，电流末端 W2 流入，从首端 W1 流出，合成的两极合成磁场与 $\omega t=0°$ 时相比，已按顺时针方向在空间旋转了 90°，如图 2-14（c）所示。

同理，当 $\omega t=180°$ 时，合成磁场按顺时针方向在空间旋转了 180°，如图 2-14（d）所示。

综上分析可以看出：在空间相差 120° 的三相绕组中通入对称三相交流电流，产生的是一对磁极（即磁极对数 $p=1$）的合成磁场，且是一个随时间变化的旋转磁场。当电流经过一个周期的变化后，合成磁场也顺时针方向旋转 360° 的空间角度。

如果将三相异步电动机的每相定子绕组分成两部分，即 U1U2 绕组由 U1U2 和 U′1U′2 串联组成，V1V2 绕组由 V1V2 和 V′1V′2 串联组成，W1W2 绕组由 W′1W′2 和 W1W2 串联组成，如图 2-15（a）所示，绕组始端之间相差 60° 空间角，则形成的合成磁场是四极，产生两个 N 极和两个 S 极，如图 2-15（b）、（c）所示，磁极对数 $p=2$。其合成的四极旋转磁场在空间转过的角度是定子电流电角度的一半，即电流变化一周，旋转磁场在空间只转了半周，证明旋转磁场的转速与电动机的合成磁极对数有关，且与磁极对数成反比。

图 2-15 中，三相电流的相序是 A—B—C，即 U1U2 绕组通入电源的 A 相电流，V1V2 绕组通入电源的 B 相电流，W1W2 绕组通入电源的 C 相电流，此时产生的旋转磁场是顺时针方向。若将通入三相绕组中电流相序任意调换其中的两相，如

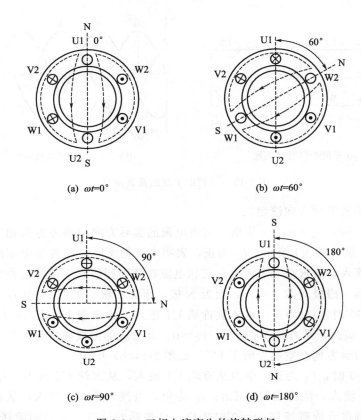

(a) $\omega t=0°$　　　　(b) $\omega t=60°$

(c) $\omega t=90°$　　　　(d) $\omega t=180°$

图 2-14　三相电流产生的旋转磁场

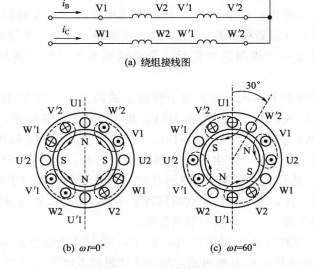

(a) 绕组接线图

(b) $\omega t=0°$　　　　(c) $\omega t=60°$

图 2-15　四极旋转磁场

B、C 相互换，即将电流 i_B 通入 W1W2 绕组，电流 i_C 通入 V1V2 绕组，如图 2-16
(a) 所示，旋转磁场的转向变为逆时针方向，如图 2-16(b)、(c) 所示。因此，把
通入三相绕组中的电流相序任意调换其中的两相，就可改变旋转磁场的方向，也就
改变了电动机的旋转方向。

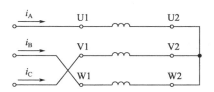

(a) 绕组接线图

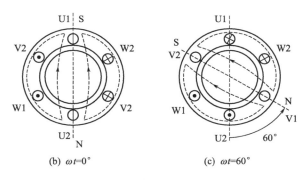

(b) $\omega t=0°$ 　　　　　　(c) $\omega t=60°$

图 2-16　改变旋转磁场的转向

思考与练习

1. 说明三相鼠笼式异步电动机的主要结构。

2. 简述三相异步电动机的工作原理。

3. 什么是转差率？电动机启动过程中转差率怎样变化？

4. 某三相交流异步电动机部分铭牌数据为 1.5kW 、 380/220V 、 Y/△ 。

(1) 解释铭牌数据的含义。

(2) 当电源线电压为 380V 时，定子绕组应作何种连接？当电源线电压为
220V 时，定子绕组应作何种连接？

(3) 如果将定子绕组连接成星形，接在 220V 的三相电源上，会发生什么
现象？

(4) 某三相异步电动机，其电源频率为 50Hz，额定转速为 2850r/min，则其
极对数及转差率分别为_____和_____。

5. 三相异步电动机接通电源后，如果转轴受阻而长时间不能启动旋转，会有
何后果？

6. 如题图 2-1 所示，在运行中三相异步电动机的负载转矩从 T_1 增加到 T_2 时，将稳定运行在机械特性曲线的哪一点（d 点还是 b 点）？

7. 什么叫三相异步电动机的机械特性曲线？过载系数，启动转矩倍数分别指什么？

8. 已知 Y132S-4 型三相异步电动机的额定技术数据为：额定功率 $P_N = 5.5\text{kW}$，额定电压 $U_N = 380\text{V}$，额定转速 $n_N = 1440\text{r/min}$，额定工作时的效率 $\eta = 85\%$，定子功率因数 $\cos\varphi = 0.84$，启动能力 $T_{st}/T_N = 1.5$，过载系数 $\lambda = 2.2$，工频 $f_1 = 50\text{Hz}$，启动电流比 $I_{st}/I_N = 7.0$。试求：

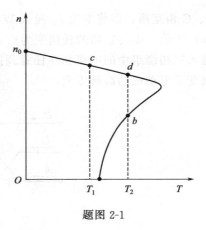

题图 2-1

(1) 额定转差率 s_N；

(2) 额定电流 I_N；

(3) 额定转矩 T_N。

9. 某台三相异步电动机，额定功率 $P_N = 20\text{kW}$，额定转速 $n_N = 970\text{r/min}$，过载系数 $\lambda_m = 2.0$，启动转矩倍数 $\lambda_{st} = 1.8$，求该电动机的额定转矩 T_N，最大转矩 T_m，启动转矩 T_{st}。

10. 某台电动机额定功率 $P_N = 5.5$，额定转速 $n_N = 1440\text{r/min}$，启动转矩倍数 $\lambda_{st} = 2.3$，启动时拖动的负载为 $T_L = 50\text{N·m}$，问：

(1) 在额定电压下该电动机能否正常启动？

(2) 当电网电压降为额定电压的 80% 时，该电动机能否正常启动？

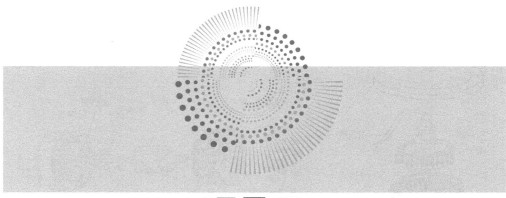

项目三
其他类型电动机

任务一　单相异步电动机认识

在单相交流电源下工作的电动机称为单相电动机。单相异步电动机结构简单、成本低廉，只需单相电源，广泛应用于家用电器、电动工具、医疗器械等方面。家用的冰箱、洗衣机、电风扇、空调等多采用单相异步电动机驱动。

一、认识单相异步电动机的结构

图 3-1 所示为水泵电动机和抽油烟机电动机的外形，它们都属于单相异步电动机。单相异步电动机的结构和三相异步电动机大体相似，也由定子和转子两大部分组成，见图 3-2、图 3-3，台扇电动机和吊扇电动机都属于单相异步电动机。

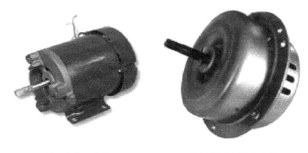

(a) 水泵电动机　　　　　　(b) 抽油烟机电动机

图 3-1　单相异步电动机示例

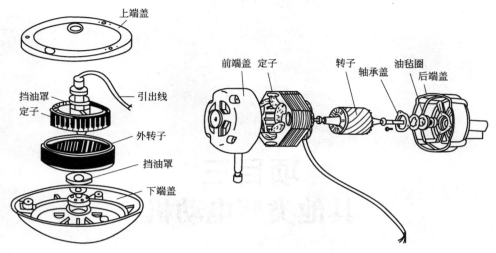

图 3-2　电容运行台扇电动机　　　　图 3-3　电容运行吊扇电动机

1. 定子

单相异步电动机的定子部分由定子铁芯、定子绕组、机座、端盖等部分组成，其主要作用是通入交流电，产生旋转磁场。

（1）定子铁芯

定子铁芯大多用 0.35mm 硅钢片冲槽后叠压而成，片与片之间涂有绝缘漆，槽形一般为半闭口槽，槽内则用以嵌放定子绕组。

（2）定子绕组

单相异步电动机定子绕组一般都采用两相绕组的形式，互差 90°电角度，一相为主绕组，又称为运行绕组；另一相为副绕组，又称启动绕组。两相绕组的槽数和绕组匝数可以相同，也可以不同。

（3）机座与端盖

机座一般由铸铁、铸铝或钢板制成，其作用是固定定子铁芯，并借助两端端盖与转子连成一个整体。

2. 转子

转子由转子铁芯、转子绕组、转轴等组成，其作用是在旋转磁场中产生电磁转矩，拖动机械负载工作。

（1）转子铁芯

转子铁芯与定子铁芯一样用 0.35mm 硅钢片冲槽后叠压而成，槽内置放转子绕组，最后整体压入转轴。

（2）转子绕组

转子绕组均采用笼型结构，一般用铝或铝合金压铸而成。

（3）转轴

用碳钢或合金钢加工而成，轴上压装转子铁芯，两端压上轴承。常用的有滚动轴承和含油滑动轴承。

3. 单相异步电动机的铭牌

单相异步电动机的铭牌标记着电动机的型号、各种额定值等，见表 3-1。下面以单相电容运行异步电动机 DO2—6314 的铭牌为例来说明各数据的含义。

表 3-1　单相异步电动机铭牌

单相电容运行异步电动机			
型号	DO2—6314	电流	0.94A
电压	220V	转速	1400r/min
频率	50Hz	工作方式	连续
功率	90W	标准号	
编号、出厂日期　××××		×××电动机厂	

（1）型号

DO2—6314 型号意义如下：

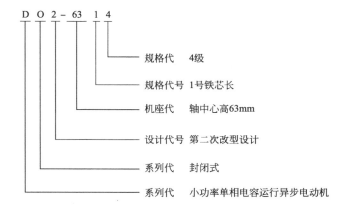

（2）电压

是指在额定状态下运行时加在定子绕组上的电压，我国单相异步电动机的标准电压有 12V、24V、36V、42V、220V 等几种。

（3）频率

是指加在电动机上的交流电源的频率，单位为 Hz。电动机应接在铭牌上规定频率的交流电源上使用。

（4）功率

是指单相异步电动机轴上输出的机械功率，单位为 W。铭牌上标出的功率是指电动机在额定电压、额定频率和额定转速下运行时输出的功率，即额定功率。我国常用的单相异步电动机的标准额定功率为 6W、10W、16W、25W、40W、60W、90W、120W、180W、250W、370W、550W 及 750W 等。

（5）电流

是指在额定电压、额定功率和额定转速下运行时流过定子绕组的电流值，为额定电流，单位为 A。电动机在长期运行时电流不允许超过该电流值。

（6）转速

电动机在额定状态下运行时的转速，单位为 r/min。每台电动机在额定运行时的实际转速与铭牌规定的额定转速有一定的偏差。

（7）工作方式

工作方式是指电动机的工作是连续式还是间断式。连续运行的电动机可以间断工作，但间断运行的电动机不能连续工作，否则会烧损电动机。

二、单相异步电动机的工作原理

如图 3-4 所示，假设在单相交流的正半周时，电流从单相定子绕组的左半侧流入，从右半侧流出，则产生的磁场如图 3-4（b）所示，该磁场的大小随电流的大小而变化，方向则保持不变。当电流为零时，磁场也为零。当电流变为负半周时，则产生的磁场方向也随之发生变化，如图 3-4（c）所示，产生的磁场大小及方向在不断地变化，这种磁场为脉动磁场。

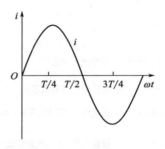

(a) 交流电流波形

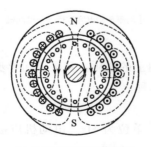

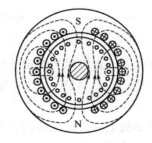

(b) 电流正半周产生的磁场　　　　(c) 电流负半周产生的磁场

图 3-4　单相脉动磁场的产生

设在正转磁动势作用下单相异步电动机的电磁转矩为 T_+，机械特性如图 3-5 中的曲线 3 所示，同步转速为 n_1。在反转磁动势作用下单相异步电动机的电磁转矩为 T_-，机械特性如图 3-5 中的曲线 2 所示，同步转速为 $-n_1$。两条特性曲线是对称的，合成后机械特性曲线如图 3-5 中的曲线 1 所示。

当转速 $n=0$ 时，电磁转矩 $T_{em}=0$。亦即一相绕组单独通电时，没有启动转矩，不能自行启动。

当 $n>0$ 时，$T_{em}>0$。即只要电动机已经正转，而且在此转速下的电磁转矩大于轴上的负载转矩，就能在电磁转矩的作用下升速至接近于同步转速的某点稳定运行。因此，单相异步电动机如果只有一相绕组，可以运行，但不能自行启动。由于合成转矩是对称的，因此单相异步电动机没有固定的转向，在两个方向都可以旋转，运行时的旋转方向由启动时的转动方向而定。只要外力把转子向任一方向驱动，转子就将沿着该方向继续旋转，直到接近同步转速。

为了解决启动问题，应该加强正向磁场，抑制反向磁场，使电动机在启动时气

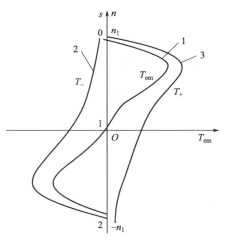

图 3-5 单相绕组通电时的机械特性曲线

隙中能够形成一个旋转磁场。为达此目的，可在定子上另装一个空间上与工作绕组不同相、阻抗不同的启动绕组。

如图 3-6 所示，在单相异步电动机定子上放置在空间相差 90°的两相定子绕组

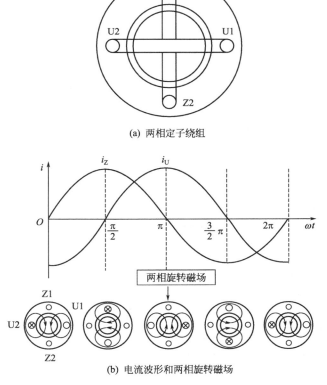

(a) 两相定子绕组

(b) 电流波形和两相旋转磁场

图 3-6 两相旋转磁场的产生

U1U2 和 Z1Z2，向这两相定子绕组中通入在时间上相差约 90°的两相交流电 I_Z 和 I_U，此时也产生旋转磁场。

三、认识单相分相异步电动机

单相分相异步电动机一般可分为电阻分相式、电容分相式和罩极式，下面分别进行介绍。

1. 电阻分相式

电阻分相单相异步电动机的定子铁芯上嵌放有两套绕组，即运行绕组和启动绕组，如图 3-7 所示。启动绕组的匝数较少，导线截面较小，与运行绕组相比其电抗小而电阻大。启动绕组和运行绕组并连接电源时，启动绕组电流超前一个电角度，从而产生椭圆旋转磁动势，使电动机能够自行启动。启动绕组只在启动过程中接入电路，当转速上升到接近稳定转速时，自动断开，由运行绕组维持运行。为了增加启动时运行绕组和启动绕组之间电流相位差，可在启动绕组回路中串联电阻 R 或增加启动绕组本身的电阻（启动绕组用细导线绕制）。这种电动机只能用于空载和轻载启动的场合，如小型机床、鼓风机、电冰箱压缩机、医疗器械等设备中。

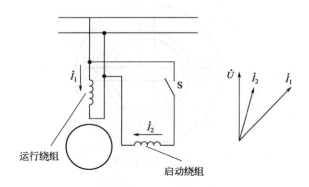

图 3-7　电阻分相单相异步电动机原理

2. 电容分相式

电容分相异步电动机是在启动绕组回路中串接电容器，使启动绕组中的电流超前于电压，分为以下几种。

（1）电容启动式

图 3-8 是电容启动单相异步电动机的原理图，启动绕组串联一个电容器 C 和一个启动开关 S，再与运行绕组并联。电容大小合适时，启动绕组的电流相位差接近90°电角度，可使启动时的磁动势接近圆形。这种电动机的机械特性见图 3-9，其中曲线 1 为接入启动绕组启动时的机械特性，曲线 2 的实线部分为启动开关断开，启动绕组切除以后的机械特性。

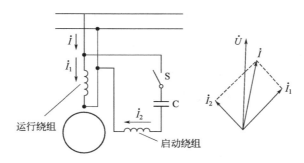

图 3-8   电容启动单相异步电动机原理

启动绕组是按短时运行方式设计的，如果长期通过电流，会因过热而烧坏。因此当电动机的转速达到同步转速的 75%～85% 时，由离心开关 S 把启动绕组从电源断开，电动机便作为单绕组异步电动机运行。

电容启动单相异步电动机有较大的启动转矩，但启动电流也较大，适用于满载启动的机械，如小型空气压缩机，在部分电冰箱压缩机中也使用。

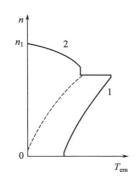

图 3-9   电容启动单相异步
电动机机械特性

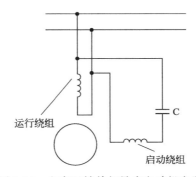

图 3-10   电容运转单相异步电动机电路

（2）电容运转式

电容运转单相异步电动机的启动绕组及电容始终参与工作，其电路如图 3-10 所示。这种电动机的功率因数和效率高，运行性能优于电容启动式。

这种电动机结构比较简单，价格比较便宜，使用维护方便，只要任意改变启动绕组（或运行绕组）首端和末端与电源的接线，即可改变旋转磁场的转向，从而实现电动机的反转。常用于吊扇、台扇、洗衣机、复印机、吸尘器、通风机等。

（3）电容启动运转式

图 3-11 为电容启动运转单相异步电动机电

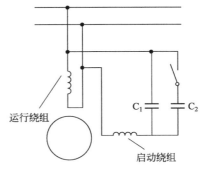

图 3-11   电容启动运转单相
异步电动机电路

路图，在启动绕组回路中串入两个并联的电容器 C_1 和 C_2，其中电容器 C_2 串接启动开关 S。启动时，S 闭合，两个电容器同时作用，电容量为两者之和。当转速上升到一定程度，S 自动打开，切除电容器 C_2，电容器 C_1 与启动绕组参与运行，确保良好的运行性能。这种电动机结构复杂一些，成本较高，维护工作量稍大，但启动转矩大，启动电流小，功率因数和效率较高，适用于空调机、水泵、小型空压机和电冰箱等。

3. 罩极式

罩极式单相异步电动机的转子为鼠笼式，如图 3-12 所示，定子铁芯部分通常由 0.5mm 厚的硅钢片叠压而成，按磁极形式的不同可分为凸极式和隐极式两种，定子每个磁极上套有集中绕组，作为运行绕组，极面的一边开有小槽，在小槽处放置一个闭合的铜环，称为短路环，把磁极的小部分罩在环中，所以称罩极电动机。

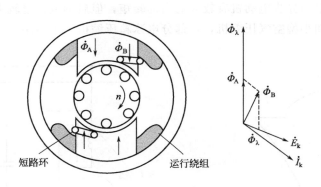

短路环　运行绕组

图 3-12　罩极式单相异步电动机原理

洗衣机用电动机一般均为电容运转单相异步电动机，一般均采用将电容器从一组绕组改接到另一组绕组中的方法来实现正反转控制，两相绕组可轮流充当主副相绕组，主副相绕组具有相同的线径、匝数、节距及绕组分布形式。

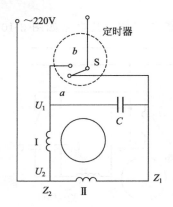

图 3-13　洗衣机用电容运转电动机的正反转控制电路

图 3-13 为洗衣机用电容运转电动机的正反转控制电路图，当主触点 S 与 a 接触时，流进绕组 I 的电流超前于绕组 II 的电流某一角度。假如这时电动机按顺时针方向旋转，那么当 S 切换到 b 点，流进绕组 II 的电流超前绕组 I 的电流一个电角度，电动机便逆时针旋转。由于脱水时一般不需要正反转，故脱水用电动机按一般单相电容运转异步电动机接线，即主绕组直接接电源，副绕组和移相电容串联后再接入电源。由于脱水用电动机只要求单方向运转，所以主副绕组采用不同的线径和匝数绕制。

任务二　直流电动机原理与运行分析

直流电动机在工业生产和日常生活中也被广泛使用，如龙门刨床工作台、电力机车、玩具、电动剃须刀等，都采用直流电动机。

一、直流电动机原理与结构

图 3-14 所示为直流电动机的工作原理图。电刷 A、B 接到直流电源上，电刷 A 接电源的正极，电刷 B 接电源的负极，此时在电枢线圈中将有电流流过。线圈的 ab 边位于 N 极下，线圈的 cd 边位于 S 极下，根据电磁力定律可知导体每边所受电磁力的大小为

$$f = B_x i I$$

式中，B_x 为导体所在处的磁通密度，Wb/m^2；i 为导体 ab 或 cd 的有效长度，m；I 为导体中流过的电流，A；f 为电磁力，N。

导体受力方向由左手定则确定。在图 3-14(a) 的情况下，位于 N 极下的导体 ab 受力方向为从右向左，而位于 S 极下的导体 cd 受力方向为从左向右。该电磁力和转子半径之积即为电磁转矩，该转矩的方向为逆时针。

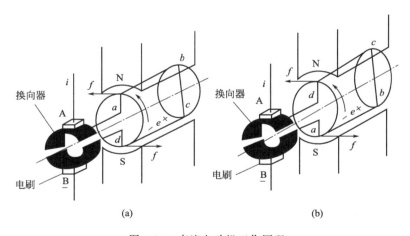

图 3-14　直流电动机工作原理

当电枢旋转到图 3-14(b) 所示位置时，原位于 S 极下的导体 cd 转到 N 极下，其受力方向变为从右向左；而原位于 N 极下的导体 ab 转到 S 极下，导体 ab 受力方向变为从左向右，该转矩的方向仍为逆时针方向，线圈在此转矩作用下继续按逆时针旋转。这样虽然导体中流通的电流为交变的，但 N 极下的导体受力方向和 S 极下导体所受力的方向并未发生变化，电动机在方向不变的转矩作用下转动。

小型直流电动机的结构如图 3-15 所示。

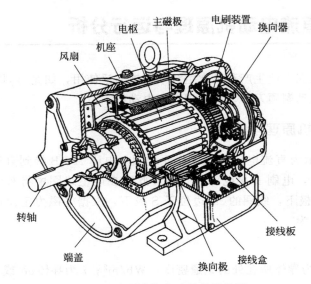

图 3-15　小型直流电动机的结构图

1. 定子部分

定子主要由主磁极、机座、换向极、电刷装置和端盖组成。

（1）主磁极

主磁极的作用是产生气隙磁通。主磁极一般由主磁极铁芯和放置在铁芯上的励磁绕组构成。主磁极上的线圈称为励磁绕组。主磁极的结构如图 3-16 所示。

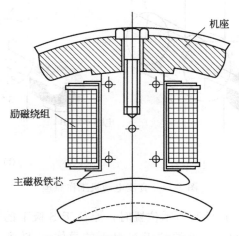

图 3-16　直流电动机的主磁极

（2）机座

直流电动机的机座有两种型式，一种是整体机座，另一种为叠片机座。整体机座用导磁效果较好的铸钢材料制成，一般直流电动机均采用整体机座。叠片机座主要用于主磁通变化快，调速范围较高的场合。

（3）换向极

换向极又称为附加极，其结构如图 3-17 所示，其作用是改善直流电动机的换向，一般电动机容量超过 1kW 时均应安装换向极。

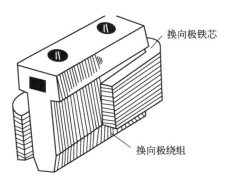

图 3-17　换向极结构

换向极的铁芯一般用整块钢板制成，在其上放置换向极绕组。换向极安装在相邻的两主磁极之间。

（4）电刷装置

电刷装置是直流电动机的重要组成部分。通过该装置把电动机电枢和外部电路相连。电刷装置的结构如图 3-18 所示。

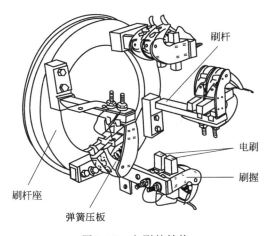

图 3-18　电刷的结构

（5）端盖

电动机中的端盖主要起支撑作用。端盖固定于机座上。其上放置轴承，支撑直流电动机的转轴，使直流电动机能够旋转。

2. 转子部分

直流电动机的转子是电动机的转动部分，由电枢铁芯、电枢绕组、换向器、电动机转轴和轴承等部分组成，见图 3-19。

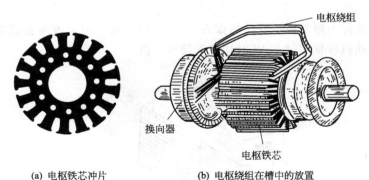

(a) 电枢铁芯冲片   (b) 电枢绕组在槽中的放置

图 3-19   直流电动机的转子

（1）电枢铁芯

电枢铁芯是主磁路的一部分，同时对放置在其上的电枢绕组起支撑作用。铁芯通常用 0.5mm 厚的低硅硅钢片或冷轧硅钢片冲压成型后叠装而成。

（2）电枢绕组

电枢绕组由带绝缘体的导体绕制而成，对于小型电动机，常采用铜导线绕制，对于大中型电动机，常用成型线圈。

（3）换向器

换向器又称为整流子，对于电动机，它把外界供给的直流电流转变为绕组中的交变电流，以使电动机旋转。换向器结构如图 3-20 所示。换向器是由换向片组合而成，是直流电动机的关键部件，也是最薄弱的部分。

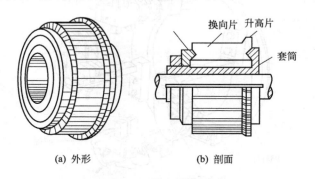

(a) 外形   (b) 剖面

图 3-20   换向器结构

3. 直流电动机的铭牌

铭牌装在电动机机座的外表面，其上标明电动机主要参数等，供使用者使用时参考。铭牌数据主要包括电动机型号、额定功率、额定电压、额定电流、额定转速和励磁方式等，此外还有电动机的出厂编号、出厂日期等。

国产直流电动机的型号一般采用大写的汉语拼音字母和阿拉伯数字表示，其格式为：第一部分用大写的汉语拼音表示产品代号，第二部分用阿拉伯数字表示设计序号，第三部分用阿拉伯数字表示机座代号，第四部分用阿拉伯数字表示电枢铁芯长度代号。例如：

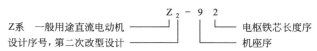

直流电动机包含以下系列：

Z 系列：一般用途直流电动机；

ZJ 系列：精密机床用直流电动机；

ZT 系列：广调速直流电动机；

ZQ 系列：直流牵引电动机；

ZH 系列：船用直流电动机；

ZA 系列：防爆安全性直流电动机；

ZKJ 系列：挖掘机用直流电动机；

ZZJ 系列：冶金起重机用直流电动机。

二、直流电动机的感应电动势、电磁转矩和功率

（一）直流电动机的感应电动势

电枢绕组中的感应电动势也叫电枢电动势，是指直流电动机正、负电刷之间的感应电动势，也是每个支路里的感应电动势。

每条支路所含的元件数是相等的，而且每个支路里的元件都是分布在同极性磁极下的不同位置上。这样，先求出一根导体在一个极距范围内切割气隙磁通密度的平均感应电动势，再乘上一个支路里总的导体数，就是感应电动势。

一根导体中的感应电动势可通过电磁感应定律求得，其表达式为

$$e_{av} = B_{av} l v$$

式中 B_{av}——一个主磁极下的平均气隙磁通密度；

v——电枢导体运动的线速度；

l——导体的有效长度。

每条支路中的感应电动势为

$$E_a = \frac{N}{2a} e_{av} = \frac{pN}{60a} \varphi n = C_e \varphi n$$

式中 p——极对数；

a——并联支路对数；

n——电枢转速；

N——电枢导体总数；

φ——每极磁通；

C_e——电动势常数，仅与电动机结构有关。

直流电动机的感应电动势与电动机结构、气隙磁通和电动机转速有关。当电动机制造好以后，常数 C_e 不再变化，因此感应电动势仅与气隙磁通和转速有关，改变转速和磁通均可改变感应电动势的大小。

（二）直流电动机的电磁转矩

根据电磁力定律，当电枢绕组中有电枢电流流过时，在磁场内将受到电磁力的作用，该力与电动机电枢铁芯半径之积称为电磁转矩。导体在磁场中所受电磁力的大小可用下式计算

$$f_{av} = B_{av} l i_a$$

式中，$i_a = \dfrac{I_a}{2a}$ 为导体中流过的电流，其中 I_a 为电枢电流。

每根导体的电磁转矩为

$$T_c = f_{av} \frac{D}{2}$$

总的电磁转矩为

$$T_{em} = B_{av} l \frac{I_a}{2a} \times \frac{DN}{2} = \frac{pN}{2\pi a} \varphi I_a = C_T \varphi I_a$$

式中，$C_T = \dfrac{pN}{2\pi a}$ 为转矩常数，仅与电动机结构有关；$D = \dfrac{2p\tau}{\pi}$ 为电枢铁芯直径。

（三）直流电动机的功率

电动机是进行能量转换的装置，在进行能量转换的过程中，电动机内部产生各种损耗。

1. 电动机的损耗

（1）铜耗 P_{Cu}

铜耗包括电枢绕组、励磁绕组、换向极绕组、补偿绕组的铜耗和电刷与换向器接触电阻产生的损耗。铜耗的大小与电流、绕组电阻及电刷的接触电阻有关。铜耗将引起绕组及换向器发热。铜耗与电流平方成正比，并随着电动机的负载变化而变化，称为可变损耗。

（2）机械损耗 P_{mec}

机械损耗是指电动机旋转时摩擦所引起的损耗，主要有轴承摩擦损耗、电刷摩擦损耗和电枢与周围空气的摩擦损耗等，其大小和电动机转速有关。机械损耗将引起轴承和换向器发热。

（3）铁耗 P_{Fe}

交变磁通在铁芯中产生的磁滞和涡流损耗称为铁耗。铁耗大小与电动机的转速、磁通密度及铁芯冲片的厚度、材料有关。铁耗将引起铁芯发热。

机械损耗和铁耗与负载（电枢电流）的大小无关，因此这两项损耗之和称为不变损耗。

（4）空载损耗 P_0

定义为：

$$P_0 = P_{Fe} + P_{mec}$$

空载损耗 P_0 与电动机的负载无关，也称不变损耗。

（5）附加损耗 P_{ad}

除了上述各种损耗之外，电动机还存在着附加损耗。附加损耗很难精确计算，一般估计为电动机输出功率的 （0.5～1)％，即 $P_{ad}=(0.5～1)\%P_2$

为计算方便，常把附加损耗和空载损耗归为一类。电动机的总损耗 P 为：

$$P=P_{Cu}+P_{Fe}+P_{ad}+P_{mec}=P_{Cu}+P_0$$

2. 电磁功率

在电动机中，把通过电磁作用传递的功率称为电磁功率，用 P_{em} 表示。电磁功率既可看成是机械功率，又可看成是电功率。从机械功率的角度看 P_{em}，它是电磁转矩 T 和旋转角速度 Ω 的积，即 $P_{em}=\Omega T$。

从电功率角度看 P_{em}，它是电枢电势 E_a 和电枢电流 I_a 的积，即 $P_{em}=E_aI_a$。

根据能量守恒定律，$P_{em}=TW=E_aI_a$。

因此电磁功率指电动机利用电磁感应原理进行能量转换的这部分功率，可以表示为机械功率的形式，也可以表示为电功率的形式。

3. 功率平衡方程式

电动机的输入功率为 P_1，输出功率为 P_2，总损耗为 P，根据能量守恒定律，可得功率平衡方程式：

$$P_1=P_2+P$$

图 3-21 是直流电动机的功率流程图。

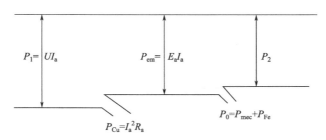

图 3-21　直流电动机功率流程图

三、直流电动机的工作特性与机械特性

（一）直流电动机的工作特性

1. 直流电动机的基本方程

如图 3-22 所示，T_2 是电动机转轴上的输出机械转矩，即负载转矩。根据图中的参考方向，电动机的基本方程如下：

$$U=E_a+R_aI_a$$
$$T_{em}=T_2+T_0$$

式中，T_0 为空载转矩。

由功率流程图有 $P_1=P_{em}+P_{Cu}=P_2+$

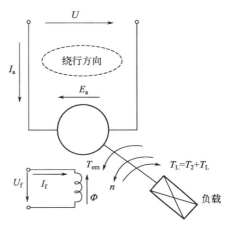

图 3-22　直流电动机工作特性参数

$P_{mec}+P_{Cu}+P_{Fe}+P_{ad}=P_2+\sum P$，因此直流电动机的效率可通过下式进行计算：

$$\eta=\frac{P_2}{P_1}=1-\frac{\sum P}{P_2+\sum P}$$

式中，$\sum P$ 为总的损耗。

2. 直流电动机的工作特性

直流电动机的工作特性是指电动机在额定电压 U_N、额定励磁电流 I_{fN} 下的转速、转矩及效率与负载电流之间的关系。这三个关系分别称为电动机的转速特性、转矩特性和效率特性。

（1）并励直流电动机的工作特性

① 转速特性。并励直流电动机的转速特性可表示为 $n=f(I_a)$，即

$$n=\frac{U_N}{C_e\varphi_N}-\frac{R_a}{C_e\varphi_N}I_a$$

如果忽略电枢反应的去磁效应，则转速与负载电流按线性关系变化，当负载电流增加时，转速有所下降。并励直流电动机的工作特性曲线如图 3-23 所示。

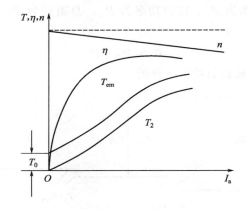

图 3-23　并励直流电动机的工作特性曲线

② 转矩特性。当 $U=U_N$，$I_f=I_{fN}$ 时，函数 $T_{em}=f(I_a)$ 关系曲线称为转矩特性。电动机转矩特性表达式为

$$T_{em}=C_T\Phi_N I_a$$

在忽略电枢反应的情况下，电磁转矩与电枢电流成正比。

③ 效率特性。当 $U=U_N$，$I_f=I_{fN}$ 时，函数 $\eta=f(I_a)$ 的关系曲线称为效率特性。

$$\eta=\frac{P_1-\sum P}{P_1}-1-\frac{P_0+R_aI_a^2}{U_NI_a}$$

由于空载损耗 P_0 是不随负载电流变化的，当负载电流较小时，效率较低，输入的功率大部分消耗在空载损耗上；当负载电流增大时，效率也增大，输入的功率大部分消耗在机械负载上；但当负载电流大到一定程度时，铜损快速增大，此时效率又开始变小。

（2）串励电动机的工作特性

串励电动机的励磁绕组与电枢绕组串联，电枢电流即为励磁电流。串励电动机的工作特性与并励电动机有很大的区别。当负载电流较小时，磁路不饱和，主磁通与励磁电流（负载电流）按线性关系变化，而当负载电流较大时，磁路趋于饱和，主磁通基本不随电枢电流变化。

当负载电流较小时，电动机的磁路没有饱和，每极气隙磁通 Φ 与励磁电流 $I_f = I_a$ 呈直线变化关系，即

$$\Phi = k_f I_f = k_f I_a$$

式中，k_f 是比例系数。

串励电动机的转速特性可写为

$$N = \frac{U}{C_e \Phi} - \frac{R I_a}{C_e \Phi} = \frac{U}{K_f C_e I_a} - \frac{B}{k_f C_e}$$

式中，R 为串励电动机电枢回路总电阻，$R = R_a + R_f$。

串励电动机的机械特性可写为

$$T_{em} = C_T \Phi I_a = k_f C_T I_a^2$$

当负载电流较小时，转速较大，负载电流增加，转速快速下降，当负载电流趋于零时，电动机转速趋于无穷大。因此串励电动机不可以空载或在轻载下运行。

当负载电流较大时，磁路已经饱和，磁通 φ 基本不随负载电流变化，串励电动机的工作特性与并励电动机相同。串励直流电动机的工作特性曲线如图 3-24 所示。

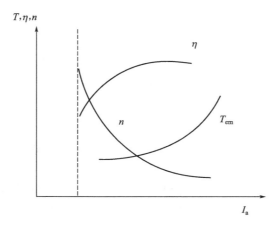

图 3-24　串励直流电动机的工作特性曲线

（二）直流电动机的机械特性

直流电动机的机械特性是指在电动机的电枢电压、励磁电流、电枢回路电阻为恒值的条件下，即电动机处于稳态运行时，电动机的转速 n 与电磁转矩 T_{em} 之间的关系。由于转速和转矩都是机械量，所以把它称为机械特性。

图 3-25 所示是并励直流电动机的电路原理图。图中 U 为外施电源电压，E_a 是电枢电动势，I_a 是电枢电流，R_S 是电枢回路串联电阻，I_f 是励磁电流，Φ 是励磁磁通，R_f 是励磁绕组电阻，R_{sf} 是励磁回路串联电阻。按图中标明的各个量的正方向可列出电枢回路的电压平衡方程式

$$U = E_a + RI_a$$

式中，$R = R_a + R_S$，为电枢回路总电阻，R_a 为电枢电阻。将电枢电动势 $E_a = C_e\Phi n$ 和电磁转 $T_{em} = C_T\Phi I_a$ 代入上式，可得并励直流电动机的机械特性方程式

$$n = \frac{U}{C_e\Phi} - \frac{R}{C_e C_T \Phi^2} T_{em} = n_0 - \beta T_{em} = n_0 - \Delta n$$

式中，C_e、C_T 分别为电动势常数和转矩常数（$C_T = 9.55 C_e$）；$n_0 = \dfrac{U}{C_e\Phi}$ 为电磁转矩 $T_{em} = 0$ 时的转速，称为理想空载转速；$\beta = \dfrac{R}{C_e C_T \Phi^2} T$ 为机械特性的斜率；$\Delta n = \beta T_{em}$ 为转速降。

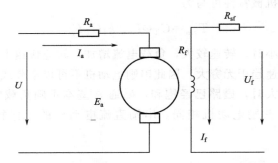

图 3-25　并励直流电动机电路原理图

由公式 $T_{em} = C_T\Phi I_a$ 可知，电磁转矩 C_T 与电枢电流 I_a 成正比，所以只要励磁磁通 Φ 保持不变，则机械特性方程式也可用转速特性代替，即

$$n = \frac{U}{C_e\Phi} - \frac{R}{C_e\Phi} I_a$$

当 U、Φ、R 为常数时，并励直流电动机的机械特性是一条以 β 为斜率向下倾斜的直线，如图 3-26 所示。

电动机的实际空载转速 n_0' 比理想空载转速 n_0 略低。这是因为电动机由于摩擦等原因存在一定的空载转矩 T_0，空载运行时电磁转矩不可能为零，它必须克服空载转矩，即 $T_{em} = T_0$，故实际空载转速应为

$$n_0' = \frac{U}{C_e\Phi} - \frac{R}{C_e C_T \Phi^2} T_0$$

转速降 Δn 是理想空载转速与实际转速之差，转矩一定时，它与机械特性的斜率 β 成正比。β 越大，特性越陡，Δn 越大；特性越平，Δn 越小。通常称 β 大的机械特性为软特性，而 β 小的机械特性为硬特性。

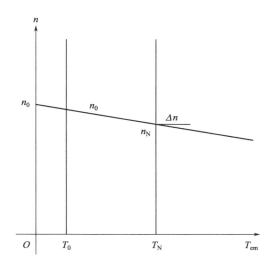

图 3-26　并励直流电动机的机械特性

1. 固有机械特性

当 $U=U_N$，$\Phi=\Phi_N$，$R=R_a$（$R_S=0$）时的机械特性称为固有机械特性，其方程式为

$$N=\frac{U_N}{C_e\Phi_N}-\frac{R}{C_eC_T\Phi_N^2}T_{em}$$

因为电枢电阻 R_a 很小，特性斜率 β 很小，通常额定转速降 Δ_N 只有额定转速的百分之几到百分之几十，所以并励直流电动机的固有机械特性是硬特性，如图 3-27 中直线 R_a 所示。

2. 人为机械特性

（1）电枢串电阻时的人为特性

保持 $U=U_N$，$\Phi=\Phi_N$ 不变，只在电枢回路中串入电阻 R_S 时的人为特性为

$$n=\frac{U_N}{C_e\Phi_N}-\frac{R_a+R_S}{C_eC_T\Phi_N^2}T_{em}$$

与固有特性相比，电枢串电阻时人为特性的理想空载转速 n_0 不变，但斜率 β 随串联电阻 R_S 的增大而增大，所以特性变软，改变 R_S 大小，可以得到一族通过理想空载点 n_0 并具有不同斜率的人为特性，如图 3-27 所示。

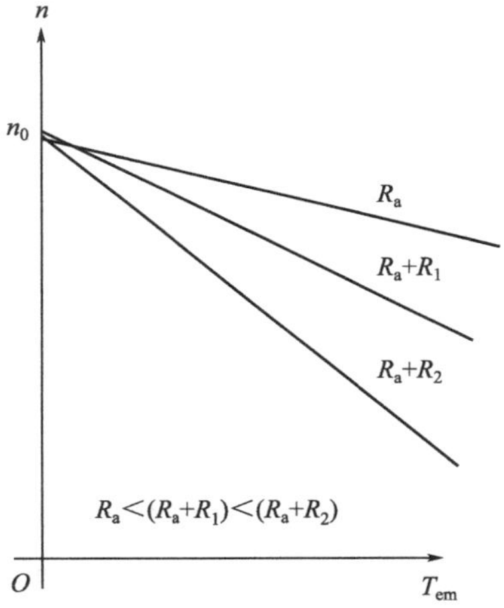

图 3-27　电枢串电阻时的人为特性

（2）降低电枢电压时的人为特性

保持 $\Phi=\Phi_N$，$R=R_a$（$R_S=0$）不变，只改变电枢电压 U 时的人为特性为

$$n = \frac{U_N}{C_e \Phi_N} - \frac{R_a}{C_e C_T \Phi_N^2} T_{em}$$

由于电动势的工作电压以额定电压为上限，因此改变电压时，只能在低于额定电压的范围内变化。与固有特性比较，降低电压时人为特性的斜率 β 不变，但理想空载转速 n_0 随电压的降低而减小，因此降低电压时的人为特性是位于固有特性下方，且与固有特性平行的一组直线，如图 3-28 所示。

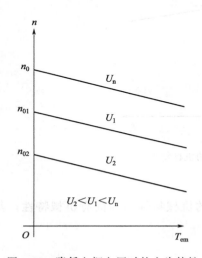

图 3-28　降低电枢电压时的人为特性

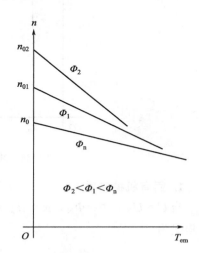

图 3-29　减弱励磁磁通时的人为特性

（3）减弱励磁磁通时的人为特性

在图 3-29 中，改变励磁回路调节电阻 R_{sf}，就可以改变励磁电流，从而改变励磁磁通。由于电动机额定运行时，磁路已经开始饱和，即使再成倍增加励磁电流，磁通也不会有明显增加，因此只能在额定值以下调节励磁电流，即只能减弱励磁磁通。

保持 $U = U_N$，$R = R_a$（$R_S = 0$）不变，只减弱磁通时的人为特性为

$$n = \frac{U_N}{C_e \Phi} - \frac{R_a}{C_e C_T \Phi^2} T_{em}$$

对应的转速特性为

$$n = \frac{U_N}{C_e \Phi} - \frac{R_a}{C_e \Phi} I_a$$

在电枢串电阻和降低电压的人为特性中，因为 $\Phi = \Phi_N$ 不变，$T_{em} \propto I_a$，所以它们的机械特性 $n = f(T_{em})$ 曲线也代表了转速特性 $n = f(I_a)$ 曲线。但是在讨论减弱磁通的人为特性时，因为磁通 Φ 是个变量，所以 $n = f(I_a)$ 与 $n = f(T_{em})$ 两条曲线是不同的。

当 $n = 0$ 时，$I_K = U/R_a = $ 常数，而 n_0 随 Φ 的减小而增大。磁通 Φ 越小，理想空载转速 n_0 越高，特性越软。

当负载转矩不太大时，磁通减小使转速升高，只有当负载转矩特别大时，减弱

磁通才会使转速下降，然而这时的电枢电流已经过大，超过电动机的电流限制。因此，实际运行条件下，可以认为磁通越小，稳定转速越高。

四、直流电动机的启动、调速、反转与制动

(一) 直流电动机的启动

直流电动机的启动是指电动机接通电源后，由静止状态加速到稳定运行状态的过程。电动机在启动瞬间（$n=0$）的电磁转矩称为启动转矩，启动瞬间的电枢电流称为启动电流，分别用 T_{st} 和 I_{st} 表示。启动转矩为

$$T_{st} = C_T \Phi I_{st}$$

如果并励直流电动机在额定电压下直接启动，由于启动瞬间转速 $n=0$，电枢电动势 $E_a = 0$，故启动电流为

$$I_{st} = \frac{U_N}{R_a}$$

因为电枢电阻 R_a 很小，所以直接启动电流将达到很大的数值，通常可达到额定电流的 $10 \sim 20$ 倍。过大的启动电流会引起电网电压的下降，影响电网上其他用户的正常用电，使电动机的换向严重恶化，甚至会烧坏电动机；同时过大的冲击转矩会损坏电枢绕组和传动机构。因此，除了个别容量很小的电动机外，一般直流电动机是不允许直接启动的。

为了限制启动电流，并励直流电动机通常采用电枢回路串电阻启动或降低电枢电压启动。无论采用哪种启动方法，启动时都应保证电动机的磁通达到最大值，这是因为在同样的电流下，Φ 大则 T_{st} 大，而在同样的转矩下，Φ 大则 I_{st} 可以小一些。

1. 电枢回路串电阻的启动

电动机启动前，应使励磁回路调节电阻 $R_{st} = 0$，这样励磁电流 I_f 最大，磁通 Φ 最大。电枢回路串接启动电阻 R_{st} 在额定电压下的启动电流为

$$I_{st} = \frac{U_N}{R_a + R_{st}}$$

对于普通直流电动机，一般要求 $I_{st} \leqslant (1.5 \sim 2) I_N$。

在启动电流产生的启动转矩作用下，电动机开始转动并逐渐加速，随着转速的升高，电枢电动势（反电动势）E_a 逐渐增大，使电枢电流逐渐减小，电磁转矩也随之减小，这样转速的上升速度就逐渐缓慢下来。为了缩短启动时间，保持电动机在启动过程中的加速度不变，应使启动过程中电枢电流维持不变，因此随着电动机转速的升高，应将启动电阻平滑地切除，最后使电动机转速达到运行值。

实际上平滑地切除电阻是不可能的，一般在电阻回路中串入多级（通常是 $2 \sim 5$ 级）电阻，在启动过程中逐级加以切除。启动电阻的级数越多，启动过程就越快且越平稳，但所需要的控制设备也越多，投资也越大。

图 3-30 所示为并励直流电动机三级电阻启动过程及接线图。

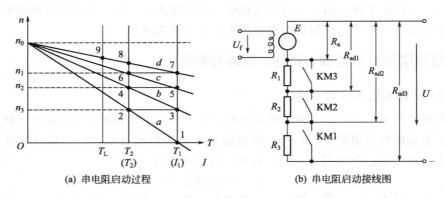

(a) 串电阻启动过程   (b) 串电阻启动接线图

图 3-30 并励直流电动机三级电阻启动过程及接线图

电枢接入电网时，KM1、KM2 和 KM3 均断开，电枢回路串接外加电阻 $R_{ad3} = R_1 + R_2 + R_3$，此时电动机工作在特性曲线 a，在转矩 T_1 的作用下，转速沿曲线 a 上升。

当速度上升使工作点到达 2 时，KM1 闭合，即切除电阻 R_3，此时电枢回路串外加电阻 $R_{ad2} = R_1 + R_2$，电动机的机械特性变为曲线 b。由于机械惯性的作用，电动机的转速不能突变，工作点由 2 切换到 3，速度又沿着曲线 b 继续上升。

当速度上升使工作点到达 4 时，KM1、KM2 同时闭合，即切除电阻 R_1、R_3，此时电枢回路串外加电阻 $R_{ad1} = R_1$，电动机的机械特性变为曲线 c。由于机械惯性的作用，电动机的转速不能突变，工作点由 4 切换到 5，速度又沿着曲线 c 继续上升。

当速度上升使工作点到达 6 时，KM1、KM2、KM3 同时闭合，即切除电阻 R_1、R_2、R_3，此时电枢回路无外加电阻，电动机的机械特性变为固有特性曲线 d，由于机械惯性的作用，电动机的转速不能突变，工作点由 6 切换到 7，速度又沿着曲线 d 继续上升直到稳定工作点 8。

这种启动方法一般应用于中小型直流电动机，缺点是在启动过程中启动电阻上有能量消耗，而且变阻器较笨重。

2. 降压启动

当电源电压可调时，可以采用降压方法启动。启动时以较低的电源电压启动电动机，启动电流便随电压的降低而减小。随着电动机的转速上升，反电动势逐渐增大，再逐渐提高电源电压，使启动电流和启动转矩保持在一定的数值上，从而保证电动机按需要的加速度升速。

降压启动虽然需要专用电源，设备投资较大，但它启动平稳，启动过程中能量损耗少，因而得到了广泛应用。

（二）直流电动机的调速

电力拖动系统可以采用机械调速、电气调速或二者配合起来调速。通过改变传动机构速比进行调速的方法称为机械调速；通过改变电动机参数进行调速的方法称为电气调速。本节只介绍并励直流电动机的电气调速。

改变电动机的参数就是人为地改变电动机的机械特性，从而使负载工作点发生变化，转速随之变化。因此在调速前后，电动机必然运行在不同的机械特性上。如果机械特性不变，因负载变化而引起电动机转速的改变不能称为调速。

根据并励直流电动机的转速公式

$$n = \frac{U - I_a(R_a + R_S)}{C_e \Phi}$$

可知，当电枢电流 I_a 不变时（即在一定的负载下），只要改变电枢电压 U、电枢回路串联电阻 R_S 及励磁磁通 Φ 三者之中的任意一个量，就可改变转速 n。因此，并励直流电动机具有三种调速方法：调压调速、枢串电阻调速和调磁调速。

1. 电枢回路串电阻调速

如图 3-31 所示，在一定的负载转矩 T_L 下，串入不同的电阻可以得到不同的转速。如在电阻分别为 R_a、R_1、R_2、R_3 的情况下，可以分别得到稳定工作点 a、b、c 和 d，对应的转速为 n_a、n_b、n_c、n_d。

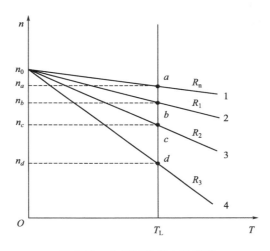

图 3-31　电枢回路串电阻调速

采用串电阻调速时，速度越低，要求串入的电阻越大，串入电阻上的能量损耗较大，运行经济性能不佳。而且由于电阻只能分段调节，所以调速的平滑性差，低速时特性曲线斜率大，转速的相对稳定性差；电枢串电阻调速的优点是设备简单，操作方便。

2. 降压调速

如图 3-32 所示，在一定的负载转矩 T_L 下，电枢外加不同电压可以得到不同的转速。如在电压分别为 U_N、U_1、U_2、U_3 的情况下，可以分别得到稳定工作点 a、b、c 和 d，对应的转速为 n_a、n_b、n_c、n_d。因此改变电枢电压可以达到调速的目的。

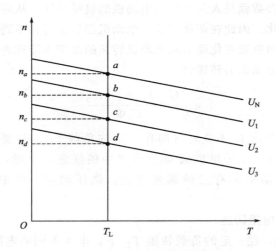

图 3-32　降压调速的机械特性

降压调速的优点是：

① 电源电压能够平滑调节，可以实现无级调速；

② 调速前后机械特性的斜率不变，硬度较高，负载变化时，速度稳定性好；

③ 无论轻载还是重载，调速范围相同，一般可达 $D = \dfrac{n_{\max}}{n_{\min}} = 2.5 \sim 12$；

④ 电能损耗较小。

降压调速的缺点是需要一套电压可连续调节的直流电源，系统设备多、投资大。

3. 减弱磁通调速

如图 3-33 所示，在一定的负载功率 P_L 下，采用不同的主磁通 Φ_N、Φ_1、Φ_2，可以得到不同的转速 n_a、n_b、n_c。因此改变主磁通 Φ 可以达到调速的目的。

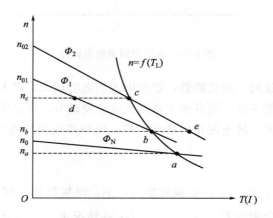

图 3-33　减弱磁通调速的机械特性

为了扩大调速范围，常常把降压和减弱磁通两种调速方法结合起来。在额定转速以下采用降压调速，在额定转速以上采用减弱磁通调速。

4. 调速方式与负载类型的配合

电动机在某一转速下长期可靠工作时所能输出的最大转矩和功率称为电动机的容许输出，容许输出的大小主要决定于电动机的发热，而电动机的发热又主要决定于电枢电流。因此，在一定的转速下，对应额定电流时的输出转矩和功率便是电动机的容许输出转矩和功率。

显然，在大于额定电流下工作的电动机，其实际输出转矩和功率将超过其容许值，这时电动机将会因过热而烧坏；而在小于额定电流下工作时，其实际输出转矩和功率将小于其容许值，这时电动机便得不到充分的利用而造成浪费。

电枢串电阻调速和降压调速属于恒转矩调速方式，适用于恒转矩负载；减弱磁通调速属于恒功率调速方式，适用于恒功率负载。

（三）直流电动机的转向

许多生产机械要求电动机做正、反转运行，如起重机的升、降，轧钢机对工件的往返压延，龙门刨床的前进与后退等。直流电动机的转向是由电枢电流方向和主磁场方向确定的，要改变其转向，一是改变电枢电流的方向，二是改变励磁电流的方向（即改变主磁场的方向）。如果同时改变电枢电流和励磁电流的方向，则电动机的转向不会改变。

改变直流电动机的转向通常采用改变电枢电流方向的方法，具体就是改变电枢两端的电压极性，或者说把电枢绕组两端换接，而很少采用改变励磁电流方向的方法。因为励磁绕组匝数较多，电感较大，切换励磁绕组时会产生较大的自感电压而危及励磁绕组的绝缘。

（四）直流电动机的制动

在电力拖动系统中，电动机经常需要工作在制动状态。例如，许多生产机械工作时，往往需要快速停车或者由高速运行迅速转为低速运行，这就要求电动机进行制动；对于像起重机等位能性负载的工作机构，为了获得稳定的下放速度，电动机也必须运行在制动状态。因此，电动机的制动运行也是十分重要的。

以并励直流电动机为例，它的制动方式有能耗制动、反接制动和回馈制动三种，下面分别介绍。

1. 能耗制动

如图 3-34 所示，开关 S 接电源时为电动状态运行，电枢电流 I_a、电枢电动势 E_a、转速 n 及驱动性质的电磁转矩 T_{em} 的方向如图所示。当需要制动时，将开关 S 投向制动电阻 R_B 上，电动机便进入能耗制动状态。

能耗制动的实质是将系统的动能转变为电能，消耗在制动电阻 R_B 上。能耗制动操作简便，减速平稳，没有大的冲击。通常限制最大制动电流不超过 $2\sim2.5$ 倍的额定电流。

2. 反接制动

反接制动分为电枢反接制动和倒拉反接制动两种。

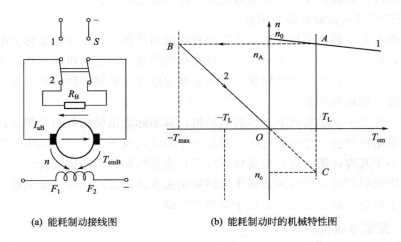

(a) 能耗制动接线图　　　　　　(b) 能耗制动时的机械特性图

图 3-34　直流电动机能耗制动接线图及机械特性图

（1）电枢反接制动

　　电枢反接制动时的接线图如图 3-35 所示。开关 S 投向"电动"侧时，电枢接正极性电源，此时电动机处于电动状态运行。进行制动时，开关 S 投向"制动"侧，此时电枢回路串入制动电阻 R_B 后接上负极性电源，此时反向的电枢电流 I_{aB} 产生很大的反向电磁转矩 T_{emB}，从而产生很强的制动作用，这就是电枢反接制动。

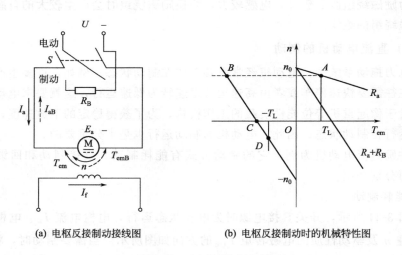

(a) 电枢反接制动接线图　　　　　(b) 电枢反接制动时的机械特性图

图 3-35　电枢反接制动时的接线图和机械特性图

　　在电动状态时，电枢电流的大小由 U_N 与 E_a 之差决定，而在反接制动时，电枢电流的大小由 U_N 与 E_a 之和决定，因此反接制动时电枢电流是非常大的。为了限制过大的电枢电流，反接制动时必须在电枢回路中串接制动电阻 R_B，使得电枢电流不超过电动机的最大允许值 $I_{max} = (2 \sim 2.5) I_N$。

电枢反接制动时的机械特性就是在 $U = -U_{\mathrm{N}}$，$R = R_{\mathrm{a}} + R_{\mathrm{B}}$ 条件下的一条人为特性，如图 3-35 所示。反接制动时，从电源输入的电功率和从轴上输入的机械功率转变成的电功率一起全部消耗在电枢回路的电阻（$R_{\mathrm{a}} + R_{\mathrm{B}}$）上，其能量损耗是很大的。

（2）倒拉反接制动

倒拉反接制动只适用于位能性恒转矩负载。现以起重机下放重物为例来说明。

如图 3-36 所示，电动机正常工作时处于固有特性上的 A 点状态，如果在电枢回路中串入一个较大的电阻 R_{B}，将得到一条斜率较大的人为特性曲线，如图 3-36（c）中的直线 n_0D 所示，便可实现倒拉反转反接制动。

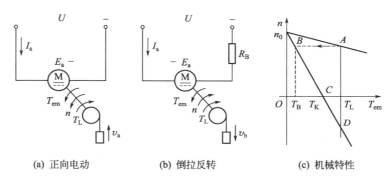

|(a) 正向电动|(b) 倒拉反转|(c) 机械特性|

图 3-36　倒拉反接制动

电枢回路串入较大的电阻后，电动机能出现反转制动运行，主要是位能负载的倒拉作用。因为此时的 E_{a} 与 U 也顺向串联，共同产生电枢电流，这一点与电枢反接制动相似，因此把这种制动称为倒拉反接制动。

倒拉反接制动时的机械特性就是电动运行状态时电枢串联电阻的人为特性，只不过此时电枢串入的电阻值较大，使得 $n < 0$。因此，倒拉反接制动特性曲线是电动状态电枢串电阻后的人为特性曲线在第四象限的延伸部分。倒拉反接制动时的能量关系和电枢反接制动时相同。

3. 回馈制动

电动机在运行时，由于某种客观原因，使实际转速超过原来的空载转速，电动机在发电状态下运行，从而产生与转速相反的电磁转矩，达到制动的目的。

当电动机稳定运行时，电源电压 U 大于感应电动势 E_{a}，则电枢电流 I_{a} 与 U 方向相同。反馈制动时，转速方向并未改变，而 $n > n_0$，使 $E_{\mathrm{a}} > U$，电枢电流 $I_{\mathrm{a}} = \dfrac{U - E_{\mathrm{a}}}{R_{\mathrm{a}}}$ 反向，电动机在发电状态运行，同时向电网输出电能，电磁转矩 T 也变为反向，成为制动转矩。

反馈制动具有如下特点：

① 在外部条件的作用下，实际转速大于理想空载转速；

② 电动机输出转矩的作用方向与 n 的方向相反。

任务三　控制电动机认识

　　控制电动机是一种执行特定任务且具有特殊性能的电动机。在自动控制系统中主要用来对运动物体的位置或速度进行快速准确的控制，广泛应用于国防、航天航空、数控加工、工业机器人、自动化仪表等领域。

一、认识伺服电动机

　　图 3-37 所示是数控机床伺服系统，它以机床移动部件的机械位移和速度为直接控制目标，也称位置、速度随动系统。它接收来自插补器的步进脉冲，经过变换放大后用来控制机床工作台的位移和速度。高性能的数控机床伺服系统还可由检测元件反馈实际的输出位置和速度的状态，并由位置和速度调节器构成闭环控制。

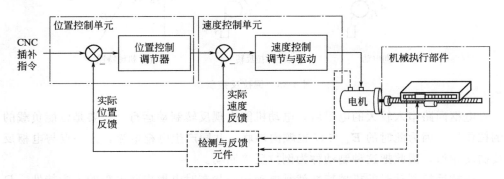

图 3-37　数控机床伺服系统

　　伺服电动机的任务是将接收的电信号转换为轴上的角位移或角速度，以驱动控制对象。接收的电信号称为控制信号或控制电压，改变控制电压的大小和极性，就可以改变伺服电动机的转速和转向。自动控制系统对伺服电动机一般具有以下要求：

　　① 无自转现象，即当控制电压为零时，电动机应迅速自行停转；

　　② 具有较大斜率的机械特性，在控制电压改变时，电动机能在较宽的转速范围内稳定运行；

　　③ 具有线性的机械特性和调节特性，以保证控制精度；

　　④ 快速响应性好，即伺服电动机的转动惯量小。

　　伺服电动机分为直流伺服电动机和交流伺服电动机两大类。

（一）直流伺服电动机

　　直流伺服电动机是将输入的直流电信号转换成机械角位移或角速度信号的装置。直流伺服电动机具有良好的启动、制动和调速性能，可以在较宽的范围内实现

平滑无极的调速，因而适用于调速性能
要求较高的场合。图 3-38 所示为直流伺
服电动机的实物图。

1. 直流伺服电动机的结构

直流伺服电动机按定子励磁方式可
分为永磁式和电磁式两种。以永久磁铁
作磁极的直流伺服电动机为永磁式直流

图 3-38　直流伺服电动机实物图

伺服电动机；在定子的励磁绕组上用直流电流进行励磁的直流伺服电动机称为电磁
式直流伺服电动机。直流伺服电动机的剖面图如图 3-39 所示。

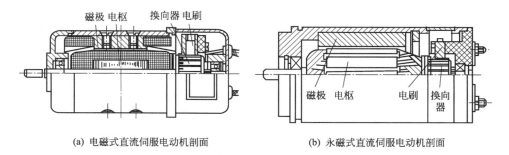

(a) 电磁式直流伺服电动机剖面　　　　　(b) 永磁式直流伺服电动机剖面

图 3-39　直流伺服电动机剖图面

由于伺服电动机电枢电流很小，换向并不困难，因此不装设换向磁极。为了减
少惯性，其转子做得细而长。此外，定子和转子间气隙较小。永磁式直流伺服电动
机定子磁极是由永久磁铁或磁钢做成；电磁式直流伺服电动机的定子由硅钢片冲制
叠压而成。磁极和磁轭整体相连，电枢绕组和磁极绕组由两个独立电源供电，它实
质上就是一台并励直流电动机。

2. 直流伺服电动机的工作原理

直流伺服电动机的工作原理与一般直流电动机相同。以并励式直流伺服电动
机为例，分别给励磁绕组和电枢绕组通电，励磁绕组中的励磁电流 I_f 在气隙中
建立磁通 Φ，Φ 与电枢电流 I_a 相互作用产生电磁转矩 T；当电枢电流或励磁电
流为零时，电磁转矩为零，电动机停转。这样可保证直流伺服电动机无自转
现象。

直流伺服电动机的控制方式有两种：电枢控制和磁场控制。电枢控制是指励磁

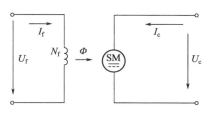

图 3-40　电枢控制的直流
伺服电动机接线图

绕组加恒定励磁电压 U_f，电枢加控制电压 U_c，
当负载恒定时，改变电枢电压的大小和极性，
伺服电动机的转速和转向随之改变。磁场控制
是指励磁绕组加控制电压，而电枢绕组加恒定
电压，改变励磁电压的大小和极性，也可使电
动机的转速和转向改变。由于电枢控制方式的
特性好，电枢回路的电感小而响应迅速，因此
自动控制系统中多采用电枢控制，见图 3-40。

3. 直流伺服电动机的型号及选用原则

直流伺服电动机的型号说明如下：

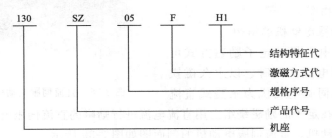

直流伺服电动机分为有刷和无刷两种类型。有刷电动机成本低、结构简单、启动转矩大、调速范围宽，但是需要维护，适用于对控制精度要求不高的场合；无刷电动机体积小、响应快、转动平滑、力矩稳定，但是控制方法比较复杂，适用于控制精度要求高、需要实现智能化控制的场合。

直流伺服电动机在选择时要重点注意电动机的额定电压、额定转矩、额定转速等参数，对于特殊用途电动机还要注意考虑使用条件和特殊要求等。

4. 直流伺服电动机的调速

直流伺服电动机是在其速度控制单元的控制下运转的，速度控制单元的性能直接决定了直流伺服电动机的运行性能。一般采用大功率晶体管斩波器的速度控制单元进行调速，也称 PWM 调速。

如图 3-41 所示，直流 PWM 调速利用大功率晶体管作为斩波器，采用直流固定电压，在电动机电枢两端施加 PWM 脉冲电压，开关频率为常值，根据控制信号的大小来改变每一周期内"接通"和"断开"的时间长短，即改变"接通"脉宽，使直流电动机电枢上电压的占空比改变，从而改变其平均电压，完成电动机的转速控制。

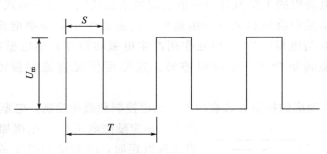

图 3-41 电动机电枢两端 PWM 脉冲电压

（二）交流伺服电动机

直流伺服电动机虽然具有良好的启动、制动和调速特性能，可以很方便地在宽范围内实现平滑无级调速，但也存在一些固有的缺点，如电刷和换向器易磨损，需经常维护，换向器换向时会产生火花，使直流伺服电动机的最高速度和使用场合受

到限制等。而交流伺服电动机则没有上述缺
点，且转子惯量较直流伺服电动机小，动态
响应更好，因为广泛应用于高精度、快速动
态响应的场合。图 3-42 所示为交流伺服电动
机的实物图。

1. 交流伺服电动机的结构

图 3-42　交流伺服电动机实物图

交流伺服电动机实际为两相异步电动
机，如图 3-43(a) 所示，其定子槽内嵌有在空间相距 90°电角度的两相绕组。一相
作为励磁绕组 N_f，工作时接至交流励磁电源 U_f 上，另一相作为控制绕组 N_c，输
入同频率的交流控制电压 U_c。

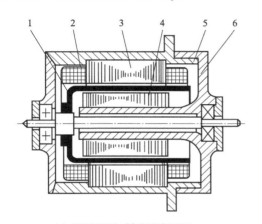

(a) 交流伺服电动机结构剖面图

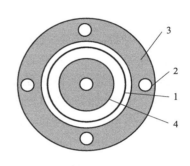

(b) 转子截面

图 3-43　交流伺服电动机结构示意图
1—空心杯转子；2—定子绕组；3—外定子铁芯；4—内定子铁芯；5—机壳；6—端盖

交流伺服电动机的转子主要有以下两种结构形式。

（1）笼型转子

这种笼型转子和三相异步电动机的笼型转子相似，交流伺服电动机的笼型转子
的导条采用高电阻率的导电材料制造。另外，为了提高交流伺服电动机的快速响应
性能，可把电动机做成细长型，以减小转子的转动惯量。

（2）空心杯转子

空心杯转子交流伺服电动机有两个定子，即外定子和内定子。外定子铁芯槽内
安放有励磁绕组和控制绕组，而内定子一般不放绕组，仅作磁路的一部分。空心杯
转子位于内外绕组之间，通常用非磁性材（如铜、铝或铝合金）制成。在电动机旋
转磁场作用下，杯形转子内感应产生涡流，与主磁场作用产生电磁转矩，使杯形转
子转动。

2. 交流伺服电动机的工作原理

如图 3-44 所示，交流伺服电动机的工作原理与单相异步电动机有相似之处。

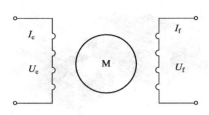

图 3-44　交流伺服电动机原理图

当交流伺服电动机的励磁绕组接入励磁电流，控制绕组加上控制电压 U_C 上时，调节控制电流与励磁电流的相位和幅值，就会形成椭圆形旋转磁场，带动电动机的转子转动起来。

交流伺服电动机的控制，通常由配套的交流伺服驱动器来控制，其控制方式主要有 3 种。

（1）幅值控制

幅值控制，即通过改变控制电压 U_C 的大小来控制电动机转速。如图 3-45 所示，控制电压 U_C 与励磁电压 U_f 的幅值相等，相位差始终保持 90°电角度，产生的气隙磁通势为圆形旋转磁通势；当控制电压小于励磁电压的幅值时，气隙磁场变为椭圆形，电磁转矩减小，电动机转速变慢。

（2）相位控制

相位控制，即通过改变控制电压 U_C 与励磁电压 U_f 之间的相位差，实现对电动机转速和转向的控制，而控制电压的幅值保持不变。将励磁绕组直接接到交流电源上，而控制绕组经移相器后接到同一交流电源上，从而改变两者之间的相位差，便可改变电动机的转速和转向。

（3）幅值—相位控制

交流伺服电动机的幅值—相位控制是励磁绕组串接电容 C 后再接到交流电源上，如图 3-46 所示，当 U_C 的幅值改变时，转子绕组的耦合作用使励磁绕组的电流 I_f 也变化，从而使励磁绕组上的电压 U_f 及电容 C 上的电压也跟随改变，U_C 与 U_f 的相位差也随之改变，从而改变电动机的转速。

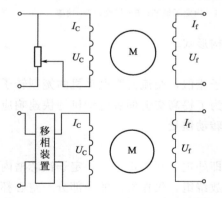

图 3-45　交流伺服电动机幅值控制原理图

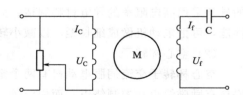

图 3-46　交流伺服电动机幅值-相位控制原理图

幅度—相位控制线路简单，不需要复杂的移相装置，只需电容进行分相，具有成本低廉、输出功率较大的优点，因而成为使用最多的控制方式。

3. 交流伺服电动机的型号定义

交流伺服电动机的型号定义如下：

120	MB	075	A–2	C	E	6	E		

（标签结构图内容）

编码器分辨率	E：2500P/R		F：2000P/R	
编码器类型	B：14线增量值		7：8线增量值	
电机制动器	E：无制动器		G：带制动器	
电机出线形式	C：航空插头		D：引出线，0.5m长	
电机电	1：单相110VAC	2：单相220VAC	3：三相200VAC	
电机额定转速	A：1000rpm	B：2000rpm	C：3000rpm	
	D：1500rpm			
电机容量	040：400W	100：1000W	200：2000W	400：4000W
	055：550W	110：1100W	220：2200W	
	075：750W	150：1500W	300：3000W	
电机系列	CB：小惯量系列		MB：中惯量系列	
机座	—			

4. 交流伺服电动机在机床中的应用

由于交流伺服系统具有宽调速范围、高稳速精度，现代数控机床都倾向采用交流伺服电动机驱动，图3-47所示为交流伺服电动机位置、速度、电流三环结构示意图。

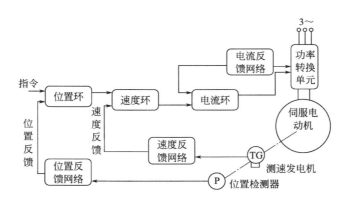

图3-47　交流伺服电动机位置、速度、电流三环结构示意图

目前数控机床进给伺服系统采用的主要是永磁同步交流伺服系统，有3种类型，即模拟伺服形式、数字伺服形式和软件伺服形式。模拟伺服用途单一，只接收模拟信号。数字伺服可实现一机多用，实现速度、力矩、位置等的控制，可接收模拟指令和脉冲指令。软件伺服是将各种控制方式以软件实现，用户设定代码与相关的数据后即自动进入工作状态。

随着电力电子器件的发展，智能化功率模块得到普及与应用，交流伺服技术正向着数字化和网络化发展。

二、认识步进电动机

步进电动机是一种用电脉冲信号进行控制，并将此信号转换成相应的角位移或线位移的控制电动机。步进电动机的转速不受电压波动和负载变化的影响，不受环境条件（温度、压力、冲击和振动等）的限制，仅与脉冲频率同步，能按控制脉冲的要求立即启动、停止、反转或改变转速，而且每一转都有固定的步数；在不失步的情况下运行时，步距误差不会长期积累。因此，步进电动机在开环控制系统中应用很广。

图 3-48 所示为 130BYG 二相混合式步进电动机。

1. 步进电动机的结构

如图 3-49 所示，步进电动机主要由两部分构成：定子和转子，它们均由磁性材料构成，定子磁极上有控制绕组，两个相对的磁极组成一相。

图 3-48　130BYG 二相混合式步进电动机

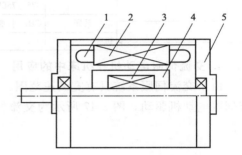

图 3-49　步进电动机结构图
1—定子绕组；2—定子；
3—永磁体；4—转子；5—端盖

2. 步进电动机的工作原理

根据励磁方式的不同，步进电动机分为反应式、永磁式和感应子式（又叫混合式）。反应式步进电动机应用比较广泛，其工作原理比较简单，下面就以图 3-50 所示三相反应式步进电动机为例介绍步进电动机的工作原理。

步进电动机工作时，每相绕组由专门的驱动电源通过环形分配器按一定规律轮流通电，每来一个电脉冲，电动机就转动一个角度。

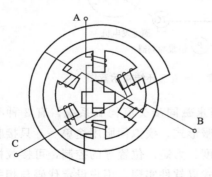

图 3-50　三相反应式步进电动机原理图

① A 相通电，A 相的磁通经转子形成闭合回路。若转子和磁场轴线方向有一定角度，则在磁场的作用下，转子被磁化，吸引转子，使转子、定子的齿对齐后停止转动。

② C 相通电，A、B 相不通电时，则转子相对 A 相通电位置旋转 30°，如图 3-51（b）所示。

③ B 相通电，A、C 相不通电，转子 1、2 齿应与 B—b 轴线对齐，则转子相对

A 相通电位置旋转 60°，如图 3-51(c) 所示。

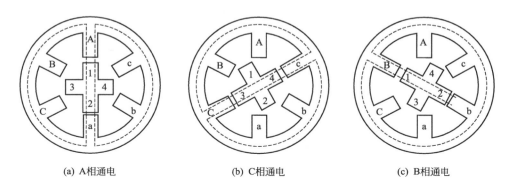

(a) A相通电   (b) C相通电   (c) B相通电

图 3-51　三相反应式步进电动机旋转示意图

如果不断地按以上顺序通电，步进电动机就每步（每脉冲）30°正向旋转。如果按相反顺序通电，电动机就反转。

由此可以得出结论：电动机转子的位置和速度由脉冲数和频率决定；而转子的旋转方向由通电顺序决定。

3. 步进电动机的特性

① 齿距角：转子相邻齿间的夹角。

② 步距角：步进电动机每改变一次通电状态（一拍），转子所转过的角度。步距角的计算公式：

$$\theta_{se} = \frac{360}{m Z_R C}$$

式中，m 为步进电动机的相数；C 为通电状态系数，单拍或双拍工作时 $C=1$，单双拍混合方式工作时 $C=2$；Z_R 为步进电动机转子的齿数。

当输入脉冲数为 N 时，步进电动机转过的角度为

$$\theta = N\theta_{se}$$

③ 步进电动机的输出转速：

$$n = \frac{60f}{m Z_R C}$$

式中，f 为步进电动机每秒的拍数，称为步进电动机通电脉冲频率。

4. 步进电动机的分类及型号

通常按励磁方式分为三大类：

① 反应式。转子为软磁材料，无绕组，定、转子开小齿，应用最广泛。

② 永磁式。转子为永磁材料，转子的极数和每相定子极数相同，不开小齿，步距角较大，力矩较大。

③ 混合式。转子为永磁式开小齿。混合式的优点：转矩大、动态性能好、步距角小，但结构复杂，成本较高。

步进电动机的型号说明如下：

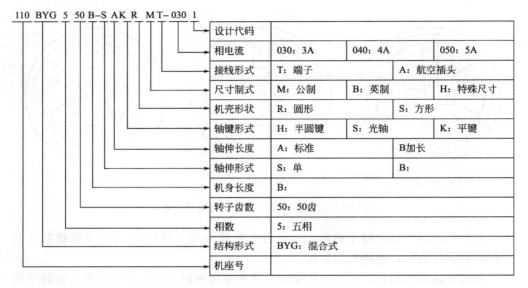

110 BYG 5 50 B–S AK R M T– 030 1

设计代码		
相电流	030：3A	040：4A	050：5A
接线形式	T：端子		A：航空插头
尺寸制式	M：公制	B：英制	H：特殊尺寸
机壳形状	R：圆形		S：方形
轴键形式	H：半圆键	S：光轴	K：平键
轴伸长度	A：标准		B加长
轴伸形式	S：单		B：
机身长度	B：		
转子齿数	50：50齿		
相数	5：五相		
结构形式	BYG：混合式		
机座号			

5. 步进电动机的接线图

图 3-52 所示为二相混合式步进电动机的接线图。在接线中注意各线不能接错。

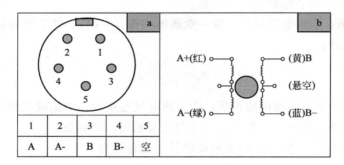

图 3-52   二相混合式步进电动机的接线图

6. 驱动电源

步进电动机的驱动电源与步进电动机是一个相互联系的整体，步进电动机的性能是由电动机和驱动电源相配合反映出来的，因此步进电动机的驱动电源在步进电动机中占有相当重要的位置。

步进电动机的驱动电源应满足下述要求：

① 驱动电源的相数、通电方式、电压和电流都应满足步进电动机的控制要求。

② 驱动电源要满足启动频率和运行频率的要求，能在较宽的频率范围内实现对步进电动机的控制。

③ 能抑制步进电动机振荡。

④ 工作可靠，对工业现场的各种干扰有较强的抑制作用。

步进电动机的驱动电源一般由脉冲信号发生电路、脉冲分配电路和功率放大电路等部分组成。脉冲信号发生电路产生基准频率信号，供给脉冲分配电路，脉冲分配电路完成步进电动机控制的各相脉冲信号的分配，功率放大电路对脉冲分配回路输出的控制信号进行放大，驱动步进电动机的各相绕组，使步进电动机转动。功率放大电路对步进电动机的性能有十分重要的作用，功率放大电路有单电压、双电压、斩波型、调频调压型和细分型等多种形式。

三、认识测速发电机

测速发电机是一种测量转速的电机，它将输入的机械转速转换为电压信号输出。测速发电机的输出电压 U 与转速 n 成正比例关系，即

$$U=kn$$

自动控制系统对测速发电机的主要要求如下。

① 线性度要好，输出电压要和转速成正比；

② 测速发电机的转动惯量要小，以保证测速的快速性；

③ 灵敏度要高，即输出特性的斜率要大，较小的转速变化能够引起输出电压的变化；

④ 正反转两个方向的输出特性要一致。

测速发电机分为交流和直流两大类。

（一）交流测速发电机

交流测速发电机有同步测速发电机和异步测速发电机两大类。交流异步测速发电机中，最为常用的是转动惯性较小的空心杯型测速发电机。

空心杯型测速发电机结构与空心杯型交流伺服电机一样，也是由外定子、空心杯转子和内定子3部分组成。外定子上放置励磁绕组 N1 和输出绕组 N2，励磁绕组接单相交流电源，输出绕组输出交流电压，两个绕组在空间是相互垂直的，其原理如图 3-53 所示。

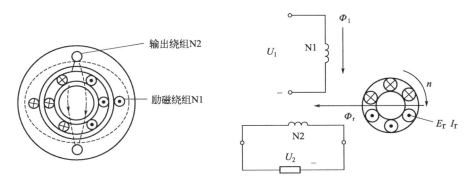

图 3-53 交流异步测速发电机原理图

在分析交流异步测速发电机工作原理时，可将杯型转子看成由无数条并联的导体组成，与笼型转子相似。在测速发电机静止不动时，励磁电压为 U_1，在励磁绕组轴线方向上产生一个交变脉动磁通 Φ_1，这个脉动磁通与输出绕组的轴线垂直，

两者之间无互感，故输出绕组中并无感应电动势产生，输出电压为零。

当测速发电机由转动轴驱动而以转速 n 旋转时，由于转子切割 Φ_1 而在转子中产生感应电动势 E_r 和感应电流 I_r，E_r 和 I_r 与磁通 Φ_1 及转速 n 成正比，即 $E_r \propto \Phi_1 n$，$I_r \propto \Phi_1 n$。转子电流产生的磁通 Φ_r 也与 I_r 成正比，即 $\Phi_r \propto I_r$，Φ_r 与输出绕组的轴线一致，因而在输出绕组中产生感应电动势，有电压 U_2 输出，且 U_2 与 Φ_r 成正比，即 $U_2 \propto \Phi_r$，因此 $U_2 \propto \Phi_1 n$。如果转子的转向相反，输出电压的相位也相反，这样就可以从输出电压 U_2 的大小及相位来测量带动测速发电机转动的原电机的转向及转速。

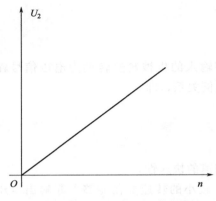

图 3-54　异步测速发电机输出特性

测速发电机的输出特性是测速发电机输出电压与转速之间的关系曲线，如图 3-54 所示。输出特性在理想情况下为直线，实际上输出特性并不是线性关系。

（二）直流测速发电机

直流测速发电机就是一台微型直流发电机，其定、转子结构均和直流发电机基本相同。按励磁方式来分，可分为电磁式和永磁式两种。其中永磁式不需要另加励磁电源，受温度影响较小，所以应用最为广泛。

直流测速发电机的工作原理如图 3-55 所示。测速发电机工作时，励磁绕组通以直流电流 I_f，在气隙中建立恒定的磁场 Φ，转轴与被测机构同轴连接。当被测机械以转速 n 旋转时，测速发电机电枢也同速旋转，旋转的电枢线圈切割气隙中的磁通 Φ，产生感应电动势 E_a。若测速发电机空载运行，电刷两端的输出电压 $U_o = E_a$，即

$$U_o = E_a = C_e \Phi n$$

上式表明，测速发电机空载时输出电压 U_o 与转速 n 成正比。当被测机构转向发生变化，输出电压的极性也会随之发生变化。所以，测速发电机以输出电压的大小和极性来反映被测机构的转速大小和转向。

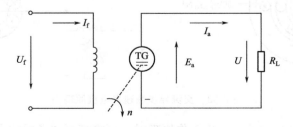

图 3-55　直流测速发电机原理

当测速发电机接上负载电阻 R_L 时，其输出电压 U 为

$$U=\frac{E_a}{1+\dfrac{R_n}{R_L}}=\frac{C_e\Phi}{1+\dfrac{R_n}{R_L}}n=kn$$

在理想的情况下，R_a、R_L 和 Φ 均为常数，直流测速发电机的输出特性如图 3-56 所示。从图中可知，空载时负载电阻 $R_L=\infty$，输出特性曲线为一直线，且斜率最大。随着负载电阻 R_L 的减小，输出特性曲线的斜率降低，即测速发电机对转速变化反应的灵敏度降低。在高速时，输出特性曲线出现了非线性（图中虚线所示）。

负载电阻 R_L 应尽可能取大些，使被测机构转速有微小变化时，输出电压有较大的反映（灵敏度高）。

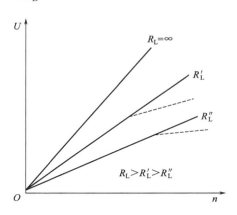

图 3-56　直流测速发电机的输出特性

选择测速发电机时注意它的最高转速是否与被测机构转速相符，以免被测机构转速超出测速发电机的最高转速，出现不必要的测量误差，保证测速发电机的测速精度。

📝 思考与练习

1. 单相异步电动机与三相异步电动机相比有哪些主要的不同之处？

2. 单相异步电动机按其启动及运行的方式不同可分为哪几类？

3. 单相分相式异步电动机的旋转方向如何改变？

4. 一台吊扇采用电容运转单相异步电动机，通电后无法启动，而用手拨动风叶后即能运转，这是什么原因造成的？

5. 简述直流电动机的工作原理，并说明如何实现直流电动机和直流发电机的转换？

6. 一台直流电动机额定数据为：额定功率 $P_N=17\text{kW}$，额定电压 $U_N=220\text{V}$，额定转速 $n_N=1500\text{r/min}$，额定效率 $\eta_N=0.83$。求它的额定电流及额定负载时的输入功率。

7. 他励直流电动机的固有特性和人为特性有何特点？

8. 直流电动机为什么不能直接启动？如果直接启动会引起什么后果？

9. 采用能耗制动和电压反接制动进行系统停车时，为什么要在电枢回路中串入制动电阻？

10. 直流电动机有哪几种调速方法，各有何特点？

11. 永磁式和他励式直流伺服电动机有什么区别？

12. 伺服电动机的作用是什么？直流伺服电动机的调速方法是什么？

13. 交流伺服电机有哪几种控制方式？如何改变交流伺服电动机的旋转方向？直流伺服电动机常用什么控制方式？

14. 为什么交流伺服电动机的转子电阻要相当大？单相异步电动机从结构上与交流伺服电动机相似，可否代用？

15. 当直流伺服电动机励磁电压和控制电压不变时，若负载转矩减小，试问此时的电磁转矩、转速将如何变化？若负载转矩大小不变，调节控制电压增大，电磁转矩和转速又将如何变化？

16. 步进电动机的工作原理是什么？步进电动机的作用是什么？步进电动机有哪些特点？

17. 测速发电机的作用是什么？为什么直流测速发电机使用时，转速不宜超过规定的最高转速负载电阻也不能小于规定值？

18. 什么叫步进电动机的步距角？步距角的大小由哪些因素决定？

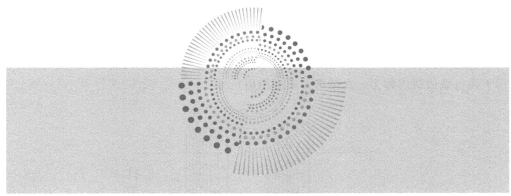

项目四
变压器

任务一　变压器原理、结构认识

变压器在电力系统中应用广泛。由于发电动机本身由于其结构及所用绝缘材料的限制，不可能直接发出很高的电压，因此在输电时必须利用变压器将电压升高后将电能输送到用电区，为了保证用电安全和符合用电设备电压的等级，还必须再利用变压器将电压降低，图 4-1 所示为电力输送过程。

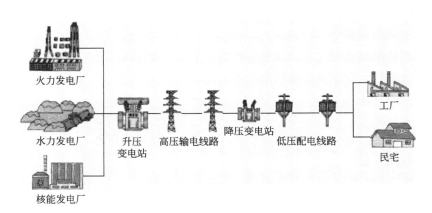

图 4-1　电力输送过程示意图

一、变压器原理

变压器是利用电磁感应原理工作的，图 4-2 为其工作原理示意图。变压器的主要部件是铁芯和绕组。两个互相绝缘且匝数不同的绕组分别套装在铁芯上，两绕组间只有磁的耦合而没有电的联系，其中接电源的绕组称为一次绕组（或原绕组），用于接负载的绕组称为二次绕组（或副绕组）。

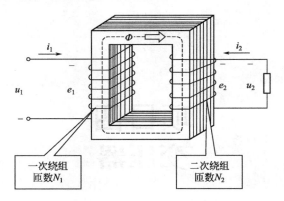

图 4-2   变压器基本工作原理

一次绕组加上交流电压后，绕组中便有电流通过，在铁芯中产生同频率的交变磁通，根据电磁感应原理，将分别在两个绕组中感应出电动势。感应电动势总是阻碍磁通的变化。若把负载接在二次绕组上，则有电流流过负载，实现了电能的传递。一、二次绕组感应电动势的大小（近似于各自的电压 u_1 及 u_2）与绕组匝数成正比，故只要改变一、二次绕组的匝数，就可达到改变电压的目的，这就是变压器的基本工作原理。

二、认识变压器的种类

1. 按用途分类

（1）电力变压器

用作电能的输送与分配，这是生产数量最多、使用最广泛的变压器。按其功能不同又可分为升压变压器、降压变压器、配电变压器等。

（2）特种变压器

在特殊场合使用的变压器，如作为焊接电源的电焊变压器，专供大功率电炉使用的电炉变压器，将交流电整流成直流电时使用的整流变压器等。

（3）仪用互感器

用于电工测量中，如电流互感器、电压互感器等。

（4）控制变压器

容量一般比较小，用于小功率电源系统和自动控制系统。如电源变压器、输入变压器、输出变压器、脉冲变压器等。

（5）其他变压器

如试验用的高压变压器，输出电压可调的调压变压器，产生脉冲信号的脉冲变压器等。

2. 按绕组结构分类

有自耦变压器、双绕组变压器、三绕组变压器和多绕组变压器等。

3. 按铁芯结构分类

有叠片式铁芯、卷制式铁芯和非晶合金铁芯。

4. 按相数分类

有单相变压器、三相变压器和多相变压器。

5. 按冷却方式分类

有干式变压器、油浸自冷变压器、油浸风冷变压器、强迫油循环变压器、充气式变压器等。

三、认识变压器的结构

根据用途不同，变压器的结构也有所不同。多数电力变压器是油浸式的，由绕组和铁芯组成，为了散热、绝缘、密封、安全等，还附有油箱、绝缘套管、储油柜、冷却装置、压力释放阀、安全气道、湿度计和气体继电器等附件。图 4-3 所示为油浸式电力变压器。

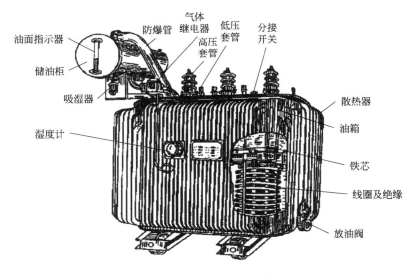

图 4-3　油浸式电力变压器

1. 变压器绕组

变压器的线圈通常称为绕组，它是变压器中的电路部分，小型变压器一般用具有绝缘的漆包圆铜线绕制而成，对容量稍大的变压器则用扁铜线或扁铝线绕制。变压器中接到高压电网的绕组称高压绕组，接到低压电网的绕组称低压绕组。按高压绕组和低压绕组的相互位置和形状不同，绕组可分为同芯式和交叠式两种。

（1）同芯式绕组

同芯式绕组是将高、低压绕组同心地套装在铁芯柱上，如图 4-4 所示。为了便于与铁芯绝缘，把低压绕组套装在里面，高压绕组套装在外面。

　　同芯式绕组的结构简单、制造容易，常用于芯式变压器中，这是一种最常见的绕组结构形式，国产电力变压器基本上均采用这种结构。

　　（2）交叠式绕组

　　交叠式绕组又称饼式绕组，它是将高压绕组及低压绕组分成若干个线饼，沿着铁芯柱的高度交替排列着。为了便于绝缘，一般最上层和最下层安放低压绕组，如图 4-5 所示。交叠式绕组的主要优点是漏抗小、机械强度高、引线方便。这种绕组形式主要用在低电压、大电流的变压器上，如容量较大的电炉变压器、电阻电焊机（如点焊、滚焊和对焊电焊机）变压器等。

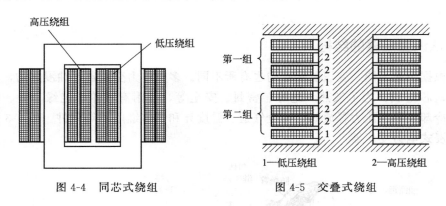

图 4-4　同芯式绕组　　　　　　　图 4-5　交叠式绕组

2. 变压器铁芯

　　铁芯构成变压器磁路系统，并作为变压器的机械骨架。对铁芯的要求是导磁性能要好，磁滞损耗及涡流损耗要尽量小。根据变压器铁芯的结构形式，变压器可分为芯式变压器和壳式变压器两大类。芯式变压器是在两侧的铁芯柱上放置绕组，形成绕组包围铁芯的形式，如图 4-6 所示。壳式变压器则是在中间的铁芯柱上放置绕组，形成铁芯包围绕组的形状，如图 4-7 所示。

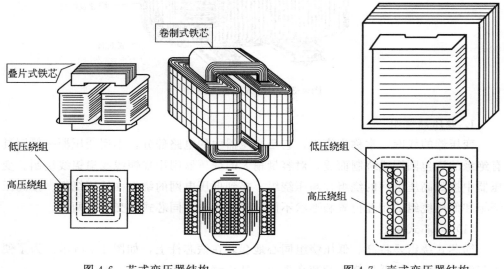

图 4-6　芯式变压器结构　　　　　　图 4-7　壳式变压器结构

变压器铁芯可分叠片式铁芯和卷制式铁芯两种。叠片式铁芯的制作工艺是：先将硅钢片冲剪成图4-8所示的形状，再将硅钢片插入事先绕好并经过绝缘处理的线圈中，最后用夹件将铁芯夹紧。为了减小铁芯磁路的磁阻以减小铁芯损耗，要求铁芯装配时，接缝处的空隙应尽量小。

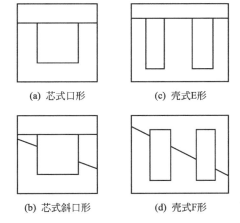

(a) 芯式口形　(c) 壳式E形

(b) 芯式斜口形　(d) 壳式F形

图4-8　叠片式铁芯形式

3. 变压器的主要附件

（1）油箱和冷却装置

① 油箱。由于三相变压器主要用于电力系统进行电压等级的变换，因此其容量都比较大，电压也比较高。为了铁芯和绕组的散热和绝缘，均将其置于绝缘的变压器油内，而油则盛放在油箱内。为了增加散热面积，一般在油箱四周加装散热装置。

② 储油柜（又称油枕）。较多的变压器在油箱上部还安装有储油柜，它通过连接管与油箱相通。储油柜内的油面高度随变压器油的热胀冷缩而变动。储油柜使变压器油与空气的接触面积大为减小，从而减缓了变压器油的老化速度。

（2）保护装置

① 气体继电器。在油箱和储油柜之间的连接管中装有气体继电器，当变压器发生故障时，内部绝缘物汽化，使气体继电器动作，发出信号或使开关跳闸。

② 防爆管（安全气道）。装在油箱顶部，它是一个长的圆形钢筒，上端用酚醛纸板密封，下端与油箱连通。若变压器发生故障，使油箱内压力骤增时，油流冲破酚醛纸板，以免造成变压器箱体爆裂。

（3）导管和调压装置

导管是将变压器绕组引出油箱内部引到箱外，绝缘导管由瓷质的绝缘导筒和导电杆构成，导管外形做成多级伞形，级数越多耐压越高。

油箱上还装有分接开关，可调节高压绕组匝数，用以调节副边输出电压的高低。输出电压的调节范围是额定电压±5%或±2×2.5%。

4. 变压器的铭牌和额定值

为了使用户对变压器的性能有所了解，制造厂家对每一台变压器都安装了铭牌，上面标明了变压器型号及各种额定数据，只有理解铭牌上各种数据的意义，才能正确使用变压器，以便在运行、维护时减少失误。图4-9所示为三相变压器的铭牌，标明了变压器是配电站用的降压变压器，将10000V的高压降为400V的低压，供三相负载使用，变压器的额定电压是10kV，额定容量500kVA，一次绕组作星形连接，二次绕组作带有中性线的星形连接，在额定电流运行时变压器阻抗压降的大小占额定电压的4%。

电力变压器					
产品　　S7-500/10	标准代　　××××				
额定容量　500kV A	产品代号　××××				
额定电　　10kV	出厂序号　××××				
额定频率　50Hz 3相	分接位置	高压		低压	
连接 组标　Yyn		电压/V	电流/A	电压/V	电流/A
阻抗电　　4%					
冷却方式　油冷	Ⅰ	10500	27.5	–	–
使用条件　户外					
	Ⅱ	10000	28.9	400	721.7
	Ⅲ	9500	30.4	–	–
	××变压器厂　　××年 ××月				

图 4-9　电力变压器铭牌

任务二　变压器运行特性分析

变压器一次绕组接电网上，二次绕组开路的运行方式称变压器的空载运行。图 4-10 所示为单相变压器空载运行示意图。

空载时，在外加交流电压 u_1 作用下，一次绕组中通过的电流称为空载电流 i_0。在电流 i_0 的作用下，铁芯中产生交变磁通 Φ（称为主磁通），磁通的参考方向与电流的参考方向之间符合右手螺旋定则。主磁通 Φ 同时穿过一、二次绕组，分别在其中产生感应电动势 e_1 和 e_2，方向如图 4-11 所示。

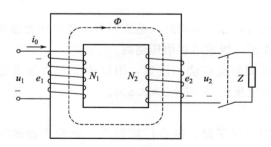

图 4-10　单相变压器空载运行

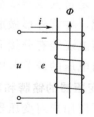

图 4-11　参考方向的规定

按电磁感应定律，有：

$$E_1 = 4.44 f N_1 \Phi_m$$
$$E_2 = 4.44 f N_2 \Phi_m$$

式中，Φ_m 为交变磁通的最大值，N_1 为一次绕组匝数，N_2 为二次绕组匝数，f 为交流电的频率。

如略去一次绕组中的阻抗不计，则外加电源电压 U_1 与一次绕组中的感应电动势 E_1 可近似看作相等，即 $U_1 \approx E_1$，而 U_1 与 E_1 的参考方向正好相反，即电动势 E_1 与外加电压 U_1 相平衡。

在空载情况下，由于二次绕组开路，故端电压 U_2 与电动势正好相等，即 $U_2 = E_2$，则有

$$U_1 \approx E_1 = 4.44 f N_1 \varPhi_m$$
$$U_2 = E_2 = 4.44 f N_2 \varPhi_m$$

变压器一次绕组与二次绕组的电动势之比称为变压器的变压比，简称变比，用 K 表示，它是变压器中最重要的参数之一。

变压器空载运行时，空载电流一方面用来产生主磁通，另一方面用来补偿变压器空载时的损耗。为此，将空载电流分解成两部分，一部分为无功分量，用来建立磁场，起励磁作用，与主磁通同相位；另一部分为有功分量，用来供给变压器铁芯损耗，相位超前主磁通 90°。空载电流一般只占额定电流的（2~10）%，主要用来建立主磁通，故近似称作励磁电流。变压器空载时没有输出功率，它从电源获取的全部功率都消耗在其内部，称为空载损耗。空载损耗绝大部分是铁芯损耗，故可认为变压器的空载损耗就是变压器的铁芯损耗。变压器空载运行时功率因数很低，应尽量避免变压器空载运行。

变压器一次绕组接额定电压，二次绕组与负载相连的运行状态称为变压器的负载运行，如图 4-12 所示。此时二次绕组中有电流 I_2 通过，该电流是由一次绕组产生的磁通变化而引起的。

二次绕组中的电流 I_2 所产生的磁通势 $N_2 I_2$ 将在铁芯中产生磁通 $\varPhi_2$，它力图改变铁芯中的主磁通 $\varPhi_m$，由于加在一次绕组上的电压有效值 U_1 不变，因此主磁通 $\varPhi_m$ 基本不变，故随着 I_2 的出现，一次绕组中通过的电流将从 I_0 增加到 I_1，一次绕组的磁通势也将由 $N_1 I_0$ 增加到 $N_1 I_1$，它所增加的部分正好与二次绕组的磁通势 $N_2 I_2$ 相抵消，从而维持铁芯中的主磁通 $\varPhi_m$ 的大小不变。于是可得变压器一、二次绕组磁通势的有效值关系为

$$N_1 I_1 \approx N_2 I_2$$

I_1 与 I_2 之比称为变压器的变流比，用 K_L 表示。

变压器一、二次绕组中的电流与一、二次绕组的匝数成反比，即变压器也有变换电流的作用，且电流的大小与匝数成反比。

变压器的高压绕组匝数多，而通过的电流小，因此绕组所用的导线细；低压绕组匝数少，通过的电流大，所用的导线较粗。

当一次绕组电压 U_1 和负载的功率因数 $\cos\varphi_2$ 一定时，二次绕组电压 U_2 与负载电流 I_2 的关系，称为变压器的外特性，见图 4-13，可以看出，当 $\cos\varphi_2 = 1$ 时，U_2 随 I_2 的增加而下降得并不多；当 $\cos\varphi_2$ 降低时，即在感性负载时，U_2 随 I_2 增加而下降的程度加大，这是因为滞后的无功电流对变压器磁路中的主磁通的去磁作用更为显著，而使 E_1 和 E_2 有所下降；当 $\cos\varphi_2$ 为负值时，即在容性负载时，超

前的无功电流有助磁作用，主磁通会有所增加，E_1 和 E_2 亦相应加大，使得 U_2 会随 I_2 的增加而提高。

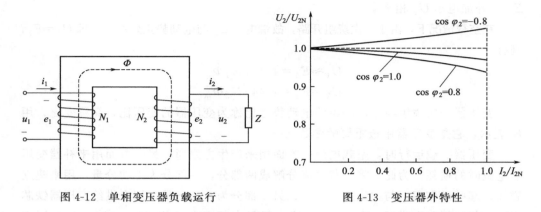

图 4-12　单相变压器负载运行　　　　　　图 4-13　变压器外特性

　　一般情况下，变压器的负载大多数是感性负载，因而当负载增加时，输出电压 U_2 总是下降的，其下降的程度常用电压变化率来描述。当变压器从空载到额定负载（$I_2 = I_{2N}$）运行时，二次绕组输出电压的变化值 ΔU 与空载电压（额定电压）U_{2N} 之比的百分值 $\Delta U\%$ 称为变压器的电压变化率，电压变化率反映了供电电压的稳定性，是变压器的一个重要性能指标。$\Delta U\%$ 越小，说明变压器二次绕组输出的电压越稳定，因此要求变压器的 $\Delta U\%$ 越小越好。常用的电力变压器从空载到满载时电压变化率约为 3%～5%。

　　变压器在能量传递过程中不可避免地要产生各种损耗，使得输出功率 P_2 小于输入功率 P_1，如图 4-14 所示。

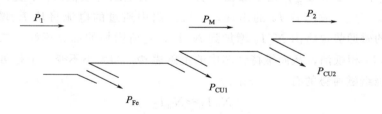

图 4-14　变压器能流图

　　图中，P_M 称为电磁功率，表示一次绕组通过电磁耦合传递到二次绕组的功率。变压器从电源输入的有功功率 P_1 和向负载输出的有功功率 P_2 可分别用下式计算：

$$P_1 = U_1 I_1 \cos\varphi_1$$
$$P_2 = U_2 I_2 \cos\varphi_2$$

变压器的损耗 ΔP 即为 P_1 和 P_2 之差，包括铜损耗 P_{Cu} 和铁损耗 P_{Fe} 两部分，即：

$$\Delta P = P_{Cu} + P_{Fe}$$

变压器的铁损耗包括铁芯中的磁滞损耗和涡流损耗，它决定于铁芯中的磁通密度的大小、磁通交变的频率和硅钢片的质量等。变压器的铁损耗与一次绕组上所加的电源电压大小有关，而与负载电流的大小无关。当电源电压一定时，铁芯中的磁通基本不变，故铁损耗也就基本不变，因此铁损耗又称"不变损耗"。

变压器的铜损耗是由电流在一次、二次绕组电阻上产生的损耗。在变压器中铜损耗与负载电流的平方成正比，所以铜损耗又称为"可变损耗"

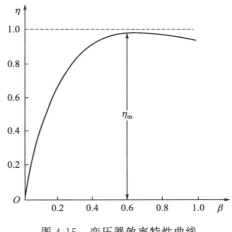

变压器的输出功率 P_2 与输入功率 P_1 之比称为变压器的效率，由于变压器没有旋转的部件，不像电动机那样有机械损耗存在，因此变压器的效率一般都比较高，中小型电力变压器效率在 95% 以上，大型电力变压器效率可达 99% 以上。

变压器在不同的负载电流 I_2 时，输出功率 P_2 及铜损耗 P_{Cu} 都在变化，因此变压器的效率 η 也随负载电流 I_2 的变化而变化，其变化规律通常用变压器的效率特性曲线来表示，如图 4-15 所示。

图 4-15　变压器效率特性曲线

通过数学分析可知：当变压器的不变损耗等于可变损耗时，变压器达到效率最高点 η_m。

任务三　三相变压器的连接与运行

一、三相变压器的磁路系统

现代的电力系统都采用三相制供电，因而广泛采用三相变压器来实现电压的转换。三相变压器可以由三台同容量的单相变压器组成，再按需要将一次绕组及二次绕组分别接成星形或三角形连接。图 4-16 所示为一、二次绕组均用星形连接的三

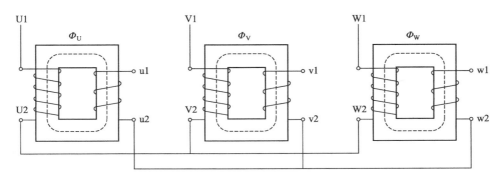

图 4-16　三相组式变压器

相组式变压器。三相变压器的另一种结构型式是把三个单相变压器合成一个三铁芯柱的结构型式，称为三相芯式变压器，如图 4-17(a) 所示。由于三相绕组接入对称的三相交流电源时，三相绕组中产生的主磁通也是对称的，故三相磁通之和等于零，中间铁芯柱的磁通为零，因此中间铁芯柱可以省略。实际中为了简化变压器铁芯的剪裁及叠装工艺，均采用将 U、V、W 三个铁芯柱置于同一个平面上的结构型式，如图 4-17(c) 所示。

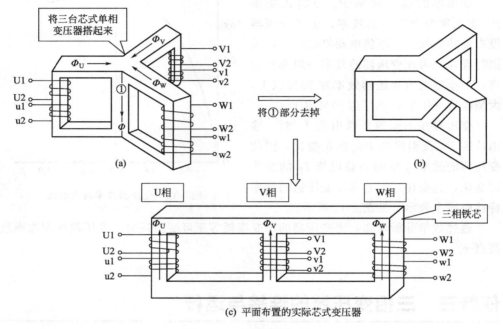

图 4-17　三相芯式变压器

二、三相变压器连接组

当电流从两个同极性端流入（或流出）时，铁芯中所产生的磁通方向是一致的。如图 4-18 所示，1 端和 4 端为同名端，电流从这两个端点流入时，它们在铁芯中产生的磁通方向相同。

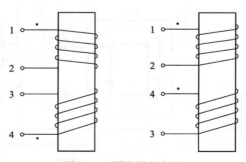

图 4-18　同名端的判定

一般根据表 4-1 所示来标记首末端。

表 4-1 绕组的首端和末端的标记

绕组名称	单相变压器		三相变压器		中性点
	首端	末端	首端	末端	
高压绕组	A	X	A、B、C	X、Y、Z	N
低压绕组	a	x	a、b、c	x、y、z	n

三相变压器一般采用星形连接及三角形连接两种方法。

星形连接把三相绕组的末端 U2、V2、W2（或 u2、v2、w2）连接在一起，而把它们的首端 U1、V1、W1（或 u1、v1、w1）分别用导线引出，如图 4-19（a）所示。

三角形连接是把一相绕组的末端和另一相绕组的首端连在一起，顺次连接成一个闭合回路，然后从首端 U1、V1、W1 用导线引出，如图 4-19（b）、（c）所示。其中图 4-19（b）的三相绕组按 U2W1、W2V1、V2U1 的次序连接，称为逆序（逆时针）三角形连接。而图 4-19（c）的三相绕组按 U2V1、W2U1、V2W1 的次序连接，称为顺序（顺时针）三角形连接。

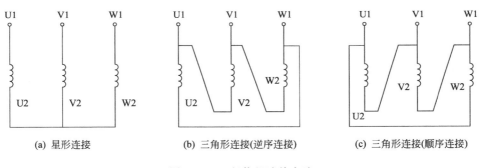

(a) 星形连接   (b) 三角形连接(逆序连接)   (c) 三角形连接(顺序连接)

图 4-19 三相绕组连接方法

三相变压器高、低压绕组用星形连接和三角形连接时，高压绕组星形连接用 Y 表示，三角形连接用 D 表示，中性线用 N 表示。低压绕组星形连接用 y 表示，三角形连接用 d 表示，中性线用 n 表示。

三相变压器一、二次绕组不同接法的组合形式有 Yy、YNd、Yd、Yyn、Dy、Dd 等，其中最常用的组合形式有三种，即 Yyn；YNd 和 Yd。不同形式的组合各有优缺点。

三相变压器一次绕组线电压与二次绕组线电压之间的相位关系是不同的，一、二次绕组线电动势的相位差总是 30°的整数倍。三相变压器一、二次绕组线电动势的相位关系一般用时钟表示法，即规定一次绕组线电势为长针，永远指向钟面上的"12"，二次绕组线电势为短针，它指向钟面上的哪个数字，该数字则为该三相变压器连接组别的标号。

图 4-20(a) 中，变压器一、二次绕组都采用星形连接，且首端为同名端，故一、二次绕组相互对应的相电动势之间相位相同，因此对应的线电动势之间的相位也相同，如图 4-20(b) 所示，当一次绕组线电动势（长针）指向时钟的"12"时，二次绕组线电动势（短针）也指向"12"，这种连接方式称 Yy0 连接组。

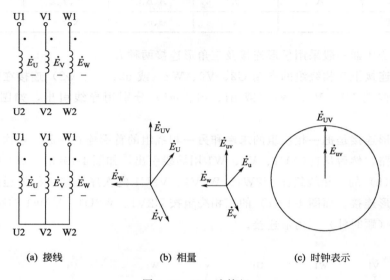

(a) 接线   (b) 相量   (c) 时钟表示

图 4-20   Yy0 连接组

图 4-21 中，变压器一次绕组用星形连接，二次绕组用三角形连接，且二次绕组 u 相的首端 u1 与 v 相的末端 v2 相连，即逆序连接。这种连接方式称为 yd11 连接组。

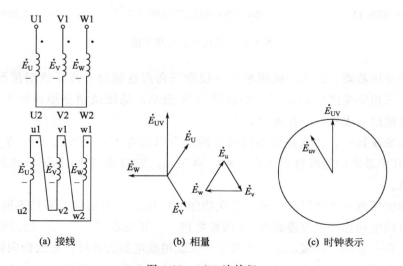

(a) 接线   (b) 相量   (c) 时钟表示

图 4-21   yd11 连接组

三相电力变压器的连接组别还有许多种，但实际上为了制造及运行方便的需要，国家标准规定了三相电力变压器只采用五种标准连接组，即 Yyn0、YNd11、YNy0、Yy0 和 Yd11，其中 Yyn0 连接组用于容量不大的三相配电变压器，最大容量为 1800kVA，高压侧的额定电压不超过 35kV。此外，Yy0 连接组不能用于三相变压器组，只能用于三铁芯的三相变压器。

三、三相变压器并联运行

三相变压器的并联运行是指几台三相变压器的高压绕组及低压绕组分别连接到高压电源及低压电源母线上，共同向负载供电。

在变电站中，总的负载经常由两台或多台三相电力变压器并联供电。当变电站所供的负载有较大的波动时，可以根据负载的变动情况随时调整投入并联运行的变压器台数，以提高变压器的运行效率。当某台变压器需要检修时，可以切换下来，而用备用变压器投入并联运行，以提高供电的可靠性。

各并联变压器空载运行时，只存在原边空载电流，副边电流为零，即各并联变压器之间无环流。各并联变压器负载运行时，分担的负载电流应与各自的容量成正比。为了使变压器能正常地投入并联运行，各并联运行的变压器必须满足以下条件：

① 两侧绕组电压应相等，即变比应相等；

② 连接组别必须相同；

③ 短路阻抗（即短路电压）应相等。

实际并联运行的变压器，其变比不可能绝对相等，其短路电压也不可能绝对相等，允许有极小的差别，但变压器的连接组别必须要相同。

设两台同容量的变压器 T_1 和 T_2 并联运行，如图 4-22(a) 所示，其变压比有微小的差别。其一次绕组接在同一电源电压 U_1 下，二次绕组并联后，也应有相同的 U_2，但由于变压比不同，两个二次绕组之间的电动势有差别，设 $E_1 > E_2$，则会在两个二次绕组之间形成环流 I_c，如图 4-22(b) 所示，这个电流称为平衡电流，其值与两台变压器的短路阻抗 Z_{S1} 和 Z_{S2} 有关。变压器的短路阻抗不大，故在不大的电动势差下也会有很大的平衡电流。变压器空载运行时，平衡电流流过绕组，会增大空载损耗。变压器负载时，二次侧电动势高的那一台电流增大，而另一台则减小，这可能使前

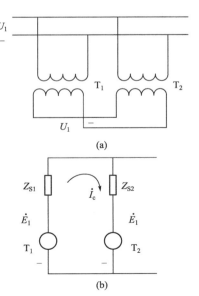

图 4-22　变压比不等时的并联运行

者超过额定电流而过载，后者则小于额定电流值。所以，并联运行的变压器，其变压比误差不允许超过±0.5%。

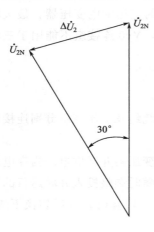

图 4-23　并联运行的电压差

如果两台变压器的变比和短路阻抗均相等，但是连接组别不同，则采用并联运行的后果十分严重，这是因为两台变压器二次绕组电压的相位差不同，会产生很大的电压差 ΔU_2。图 4-23 所示为 Yy0 和 Yd11 两台变压器并联运行时二次绕组线电压之间的电压差 ΔU_2。

这样大的电压差将在两台并联变压器二次绕组中产生比额定电流大得多的空载环流，导致变压器损坏，故连接组别不同的变压器绝对不允许并联运行。

并联运行时，负载电流的分配与各台变压器的短路阻抗成反比，短路阻抗大的输出电流较小，其容量得不到充分利用。因此并联运行的变压器，其短路电压比不应超过 10%。

并联运行的各变压器的最大容量与最小容量之比不宜超过 3。

任务四　特殊变压器认识

一、自耦变压器

把变压器一、二次绕组合二为一，使二次绕组成为一次绕组的一部分，这种变压器称为自耦变压器，如图 4-24 所示。自耦变压器的一、二次绕组之间除了有磁的耦合外，还有电的直接联系。自耦变压器可节省铜和铁的消耗量，降低制造成本。在高压输电系统中，自耦变压器主要用来连接两个电压等级相近的电力网。自耦变压器常用作异步电动机的启动补偿器，对电动机进行降压启动。

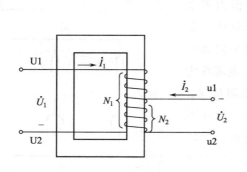
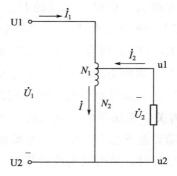

图 4-24　自耦变压器工作原理

自耦变压器一、二次绕组中的电流大小与匝数成反比，在相位上互差$180°$，流经公共绕组中的电流I的大小为

$$I = I_2 - I_1$$

可见流经公共绕组中的电流总是小于输出电流I_2。自耦变压器输出的视在功率为

$$S_2 = U_2 I_2 = U_2 (I + I_1) = U_2 I + U_2 I_1$$

从上式可看出，自耦变压器的输出功率由两部分组成，其中$U_2 I$部分是依据电磁感应原理从一次绕组传递到二次绕组的视在功率，而$U_2 I_1$则是通过电路的直接联系从一次绕组直接传递到二次绕组的视在功率。由于I_1只在一部分绕组的电阻上产生铜损耗，因此自耦变压器的损耗比普通变压器要小，效率较高。

二、电流互感器

电流互感器的基本结构形式及工作原理与单相变压器相似，它也有两个绕组：一次绕组串联在被测的交流电路中，流过的是被测电流I_1，它一般只有一匝或几匝，用粗导线绕制；二次绕组匝数较多，与交流电流表相接，如图 4-25 所示。

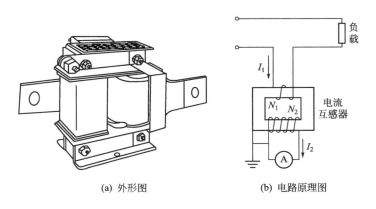

(a) 外形图	(b) 电路原理图

图 4-25　电流互感器

电流互感器的额定电流比标在电流互感器的铭牌上，在实际应用中，与电流互感器配套使用的电流表已根据额定电流比换算成一次电流，可以直接读数，不必再进行换算。

根据误差的大小，电流互感器分下列等级：0.2、0.5、1.0、3.0、10.0。如0.5 级的电流互感器在额定电流时测量误差最大不超过$\pm 0.5\%$。

钳形电流表就是利用电流互感器原理制造的，如图 4-26 所示。它的闭合铁芯可以张开，将被测载流导线钳入铁芯窗口中，被测导线相当于电流互感器的一次绕组，铁芯上绕二次绕组，与测量仪表相连，可直接读出被测电流的数值。其优点是测量线路电流时不必断开电路，使用方便。

使用电流互感器时必须注意以下事项。

① 电流互感器的二次绕组绝对不允许开路。因为二次绕组开路时，电流互感

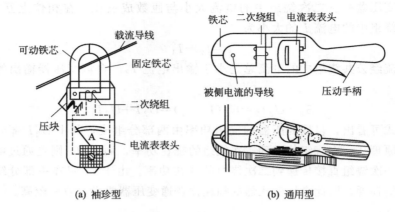

图 4-26　钳形电流表

器处于空载运行状态，此时一次绕组流过的电流（被测电流）全部为励磁电流，铁芯中的磁通急剧增大，一方面使铁芯损耗急剧增加，造成铁芯过热，烧损绕组，另一方面将在二次绕组感应出很高的电压，可能使绝缘击穿，并危及测量人员和设备的安全。因此在一次电路工作时，必须先将电流互感器的二次绕组短接。

② 电流互感器的铁芯及二次绕组一端必须可靠接地，以防止绝缘击穿后，电力系统的高压危及工作人员及设备的安全。

③ 使用钳形电流表时应注意使被测导线处于窗口中央，否则会增加测量误差；不知电流大小时，应将选挡开关置于大量程上，以防损坏表计；如果被测电流过小，可将被测导线在钳口内多绕几圈，然后将读数除以所绕匝数；使用时还要注意安全，保持与带电部分的安全距离，如被测导线的电压较高时，还应戴绝缘手套和使用绝缘垫。

三、电压互感器

在电工测量中用来按比例变换交流电压的仪器称为电压互感器。如图 4-27 所示。

电压互感器的基本结构形式及工作原理与单相变压器很相似，它的一次绕组（一次线圈）匝数为 N_1，与待测电路并联；二次绕组（二次线圈）匝数为 N_2，与电压表并联。一次电压为 U_1，二次电压为 U_2，因此电压互感器实际上是一台降压变压器，其变压比 K_u 为

$$K_u = U_1/U_2$$

K_u 常标在电压互感器的铭牌上，只要读出二次电压表的读数，一次电路的电压即可由上式得出。只要改变接入的电压互感器的变压比，就可测量高低不同的电压。在实际应用中，与电压互感器配套使用的电压表的读数已换算成一次电压，可以直接读数，不必再进行换算。

使用电压互感器时必须注意以下事项。

① 电压互感器的二次绕组在使用时绝不允许短路。如二次绕组短路，将产生

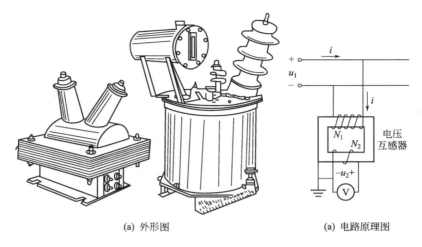

(a) 外形图　　　　　(a) 电路原理图

图 4-27　电压互感器

很大的短路电流，导致电压互感器烧坏。

②　电压互感器的铁芯及二次绕组的一端必须可靠地接地，以保证工作人员及设备的安全。

③　电压互感器有一定的额定容量，使用时二次绕组回路不宜接入过多的仪表，以免影响电压互感器的测量精度。

四、电焊变压器

电焊变压器是交流弧焊机的主要组成部分，它实质上是一台特殊的降压变压器。

电焊变压器空载电压 $U_0 = 60 \sim 75V$，起弧容易。在负载时，电压随负载的增大而急剧下降，如图 4-28 所示。通常在额定负载时输出电压约 30V。

为了适应不同的焊接需要，电焊变压器输出的电流能在一定范围内进行调节。

电焊变压器铁芯的气隙比较大，一次、二次绕组分装在不同的铁芯柱上，改变二次绕组的接法可调节焊接电流。图 4-29 是磁分路动铁芯式弧焊机的结构图。

磁分路动铁芯式弧焊机的铁芯由固定铁芯和活动铁芯两部分组成。固定铁芯为"口"字形，在固定铁芯两边的方柱上绕有一次绕组和二次绕组。活动铁芯装在固定铁芯中间的螺杆上，当摇动铁芯调节装置手轮时，螺杆转动，活动铁芯沿着导杆在固定铁芯的方口中移动，从而改变固定铁芯中的磁通，调节焊接电流。它的一次绕组绕在固定铁芯的一边，二次绕组由两部分组成，一部分与一次绕组绕在同一边，另一部分绕在铁芯的另一侧，如图 4-30 所示，前一部分起建立电压的作用，后一部分相当于电感线圈。焊接电流的粗调是靠变更二次绕组接线板上的连接片的接法来实现的，接法Ⅱ用于焊接电流大的场合，接法Ⅰ用于焊接电流小的场合。焊接电流的细调节则是通过手轮移动铁芯的位置，改变漏抗，从而得到均匀的电流调节。

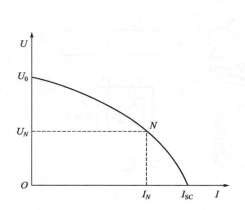

图 4-28　焊接电流与电弧电压的关系曲线

U_0—空载电压；I_{SC}—短路电流；

I_N，U_N—曲线上任一点 N 的焊接电流与电压

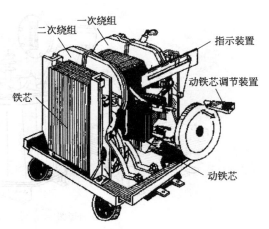

图 4-29　磁分路动铁芯式弧焊机结构

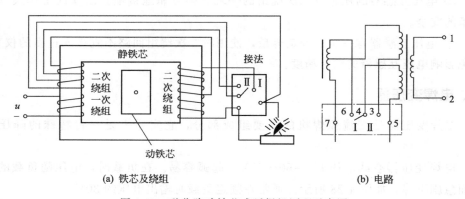

(a) 铁芯及绕组　　　　　　　　(b) 电路

图 4-30　磁分路动铁芯式弧焊机原理示意图

思考与练习

1. 什么叫变压器？变压器的基本工作原理是什么？

2. 有一台三相变压器，$S_N = 5000 \text{kVA}$，$U_{1N}/U_{2N} = 10.5 \text{kV}/6.3 \text{kV}$，采用 Yd 连接，求一次二次绕组的额定电流。

3. 一台单相变压器 $U_{1N}/U_{2N} = 220\text{V}/110\text{V}$，如果不慎将低压边误接到 220V 的电源上，变压器会发生什么后果？为什么？

4. 什么叫变压器的外特性？一般希望电力变压器的外特性曲线呈什么形状？

5. 三相电力变压器的电压变化率 $\Delta U\% = 5\%$，要求该变压器在额定负载下输出的相电压为 $U_2 = 220\text{V}$，求该变压器二次绕组的额定定相电压 U_{2N}。

6. 变压器在运行中有哪些基本损耗？它们各与什么因素有关？

7. 一台三相变压器 $S_N = 300kVA$，$U_1 = 10kV$，$U_2 = 0.4kV$，采用 Yyn 连接，求 I_1 及 I_2。

8. 什么叫变压器的并联运行？变压器并联运行必须满足哪些条件？

9. 自耦变压器的结构特点是什么？使用自耦变压器的注意事项有哪些？

10. 电流互感器和电压互感器的作用是什么，使用时注意事项有哪些？

11. 电弧焊工艺对焊接变压器有何要求？如何满足这些要求？电焊变压器的结构特点有哪些？

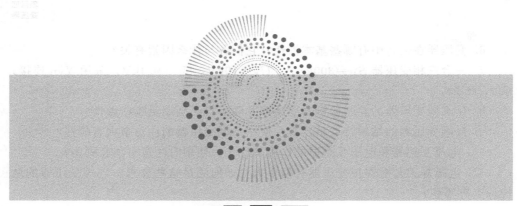

项目五
电动机基本控制电路

任务一　电气原理图、元件布置图、接线图识读

为了清晰地表达电气控制电路的组成和工作原理，便于系统的安装、调试、使用和维修，将电气控制系统中的各电气元件用一定的图形符号和文字符号表示，再将连接情况用一定的图形表达出来，这种图形就是电气控制系统图。

电气控制系统图一般有三种：电气原理图、电气元件布置图和安装接线图。

一、电气原理图

电气原理图是用图形符号和项目代号表示电路各个电气元件的连接关系和工作原理的图。它并不反映电气元件的大小及安装位置。电气原理图结构简单，层次分明，关系明确，适用于分析研究电路的工作原理，而且还可作为其他电气图的依据，在设计部门和生产现场得到了广泛应用。

现以图 5-1 所示的电动机正反转控制电气原理图为例来识读电气原理图。

电气原理图一般分为主电路和辅助电路。主电路是从电源到电动机的电路，其中有刀开关、熔断器、接触器主触头、热继电器发热元件与电动机等；主电路用粗线绘制在电气原理图的左侧或上方。辅助电路包括控制电路、照明电路、信号电路及保护电路等。它们由继电器、接触器的线圈、接触器的辅助触头、控制按钮、其他控制元器件触头、熔断器、信号灯、控制变压器及控制开关组成，用细实线绘制在电气原理图的右侧或下方。

电气原理图中的所有电气元件一般不是实际的外形图，而采用国家标准规定的图形符号和文字符号表示，属于同一电器的各个部件和触头可以出现在不同的地方，但必须用相同的文字符号标注。电气原理图中各元器件触头状态均按没有外力

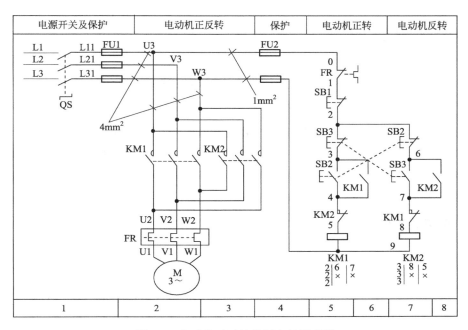

图 5-1　电动机正反转控制电气原理图

作用时或未通电时触头的自然状态画出。

电气原理图中直流电源用水平线画出，一般正极画在上方，负极画在下方。三相交流电源线集中水平画在原理图的上方，相序自上而下按 L1、L2、L3 排列，中性线（N 线）和接地线（PE 线）排在相线之下。主电路垂直于电源线画出，控制电路与信号电路在两条水平电源线之间垂直画出。

在电气原理图中，对于需要测试和拆接的外部引线的端子，采用空心圆表示；有直接电联系的导线连接点，用实心圆表示；无直接电联系的导线交叉点不画黑圆点，但在电气原理图中应尽量避免线条的交叉。

在电气原理图中，继电器、接触器线圈的下方注有其触头在图中位置的索引代号，索引代号用图面区域号表示。其含义如下：

KM				KM		
2	6	7		主触头所	辅助常开触	辅助常闭触
2	X	X		在图区	头所在图区	头所在图区
2						

未使用的触头用"X"表示。

电气原理图中元器件型号和参数可用小号字体标注在元器件符号的下面。在绘制电气控制电路图中的支路、元件和接点时，一般要加上标号。主电路标号由文字和数字组成。文字用以表明主电路中元件或电路的主要特征，数字用以区别电路的不同线段。电气图中各电器的接线端子用规定的字母数字符号标记。三相交流电源的引入线用 L1、L2、L3 标记，中性线标记为 N，接地端标记为 PE；电源开关之

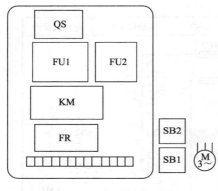

图 5-2　电气元件布置图

后的三相交流电源主电路用 U、V、W 进行标记；电动机三相绕组首端分别用 U1、V1、W1 标记，尾端用 U2、V2、W2 标记。

二、电气元件布置图

电气元件布置图主要表明机械设备上和电气控制柜上所有电气设备和电气元件的实际位置，是电气控制设备制造、安装和维修必不可少的技术文件。图 5-2 所示为某控制电路的电气元件布置图。

三、安装接线图

安装接线图主要用于安装接线、电路检查、电路维修和故障处理，它标示出设备电控系统各单元和各元器件间的接线关系，并标出所需数据，如接线端子号、连接导线参数等，实际应用中通常与电气原理图、电气元件布置图一起使用。图 5-3 所示为某控制电路的安装接线图。

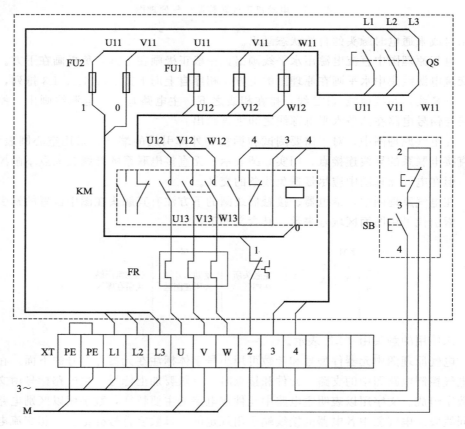

图 5-3　某控制电路的安装接线图

任务二　自锁控制电路分析与安装调试

图 5-4 中，通过隔离开关 QS 引入主电路电源，通过接触器 KM 主触头控制主电路的通断，熔断器 FU 用来对电动机进行短路保护。闭合刀开关 QS，按下点动按钮 SB，接触器 KM 的线圈得电，其主电路中的主触头闭合，电动机得电运转。松开按钮 SB，接触器 KM 的线圈失电，主电路中 KM 常开触头恢复断开状态，电动机断电直至停止转动。这种只有按下按钮电动机才会转动，松开按钮电动机便停转的控制电路，称为点动控制电路，常用来控制电动机的短时运行。

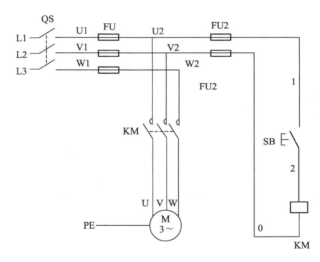

图 5-4　点动控制电路

如图 5-5 所示，如果在点动控制电路的启动按钮两端并联一个接触器 KM 的辅助常开触头，再串联一个常闭（停止）按钮 SB1，则构成自锁控制电路。其控制原理分析如下。

按下启动按钮 SB2，接触器 KM 的线圈得电，其辅助常开触头闭合（进行自锁）、主触头闭合，电动机 M 运转。即便此时松开 SB2，接触器 KM 的线圈也能通过与它并联的已处于闭合状态的自锁触头而继续通电，使电动机 M 保持连续运转。

按下停止按钮 SB1，接触器 KM 线圈断电，KM 常开辅助触头断开，KM 主触头断开，电动机 M 停转。

通过以上分析得知，当启动按钮松开后，电动机仍能保持连续运转，因此称这种电路为自锁控制电路，也称为长动控制电路，以与点动控制电路相区分。所谓"自锁"，是指依靠接触器自身的辅助常开触头来保证线圈持续通电的控制作用。与启动按钮 SB2 并联的接触器的常开触头叫做自锁触头。

带有自锁功能的控制电路路具有失压（零压）和欠压保护作用，一旦发生断

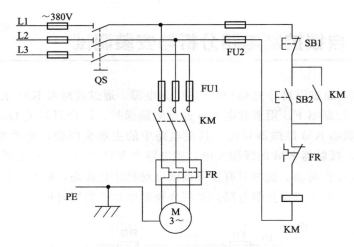

图 5-5　自锁控制电路

电，或电源电压下降到一定值（一般降低到额定值 85％以下）时，自锁触头就会断开，接触器 KM 线圈就会断电，不重新按下启动按钮 SB2，电动机将无法自动启动。只有在操作人员有准备的情况下再次按下启动按钮 SB2，电动机才能重新启动，从而保证了人身和设备的安全。

　　熔断器 FU1、FU2 分别对主电路和控制电路进行短路保护；为了扩大保护范围，在电路中熔断器应安装在靠近电源端，通常安装在电源开关下面；热继电器 FR 用来对电动机进行过载保护。当电动机工作电流长时间超过额定值时，FR 的动断触头会自动断开控制电路，使接触器线圈失电，从而使电动机停转，实现过载保护作用。

　　实际应用中，很多场合利用复合按钮实现长动及点动混合控制，如图 5-6 所示，SB2 为长动按钮，SB3 是一个复合按钮，为点动按钮，使用了一个常开触头和一个常闭触头。

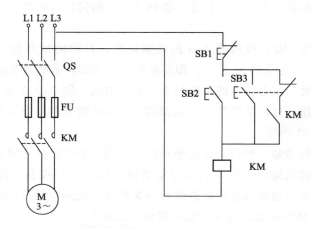

图 5-6　利用复合按钮实现长动及点动混合控制

长动：按下按钮 SB2，接触器 KM 的线圈得电并自锁，KM 主触头闭合，电动机 M 运转；松开 SB2，电动机仍连续运转，只有按下 SB1，KM 线圈失电，电动机才停转。

点动：按下点动复合按钮 SB3，按钮常开触头闭合，常闭触头断开，接触器 KM 得电，KM 主触头闭合，电动机 M 运转。松开按钮 SB3，接触器 KM 得线圈失电，其主触头断开，电动机 M 停转。

也可以利用中间继电器实现长动及点动混合控制，电路如图 5-7 所示。图中的 KA 为中间继电器。

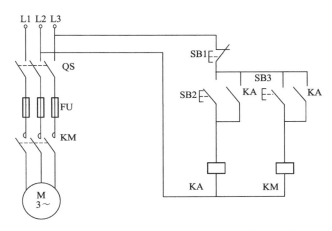

图 5-7　利用中间继电器实现长动及点动混合控制

长动：按下按钮 SB2，中间继电器 KA 得电，KA 的常开触头闭合，接触器 KM 线圈得电，KM 主触头闭合，电动机 M 运转；松开 SB2，由于 KA 线圈得电自锁，所以 KM 线圈保持连续通电，电动机连续运转。只有按下 SB1，KA 失电，使得 KM 线圈失电，电动机才停转。

点动：按下按钮 SB3，接触器 KM 线圈得电，KM 主触头闭合，电动机 M 运转；松开 SB3，KM 接触器失电，KM 主触头断开，电动机 M 停转。

安装和调试步骤如下：

① 按照图 5-5 配齐所用电气元件，并进行质量检验，电气元件应完好无损，各项技术指标符合规定要求，否则应予以更换。

② 在控制板上按照图 5-8 所示的电气元件布置图安装电气元件，并给每个电气元件贴上醒目的文字符号。注意：各元器件的位置应布局合理、整齐、均匀。

③ 按照图 5-9 所示的自锁控制电路的安装接线图进行板前明线布线。做到布线整齐、横平竖直、分布均匀；走线合理；严禁损伤

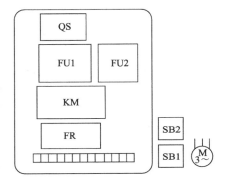

图 5-8　自锁控制电路电气元件布置图

线芯和导线绝缘；接点牢靠，不得松动，不得压绝缘层，不露线芯太长等。

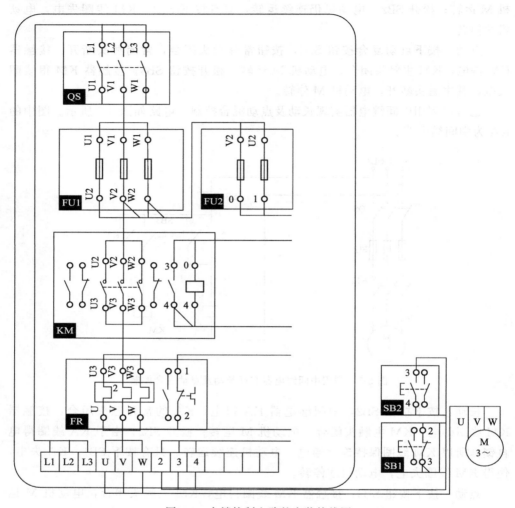

图 5-9　自锁控制电路的安装接线图

④ 安装电动机，要求安装牢固平稳，以防止在换向时产生滚动而引起事故。

⑤ 连接电源、电动机等的导线。

⑥ 安装完毕，必须经过认真检查后，方可通电。检查方法如下：

对照原理图或接线图进行粗查。从原理图的电源端开始，逐段核对接线是否正确，检查导线接点是否牢固，否则带负载运行时会产生闪弧。

用万用表进行通断检查。先查主电路，此时断开控制电路，将万用表置于欧姆挡，将其表笔分别放在 UU2、VV2、WW2 之间的线端上，读数应接近于零；人为将接触器 KM 吸合，再将表笔分别放在 UU2、VV2、WW2 之间的接线端子上，此时万用表的读数应该为电动机绕组的值。

再检查控制电路，此时应断开主电路，将万用表置于欧姆挡，将其表笔分别放在 U2-V2 上，读数应为"∞"；按下启动按钮时，读数应为接触器线圈的电阻值。

　　⑦ 在老师的监护下，通电试车。合上开关 QS，按下启动按钮 SB2，观察接触器是否吸合，电动机是否运转。在观察中，若遇到异常现象，应立即停车，检查故障。常见的故障一般分为主电路故障和控制电路故障两类。若接触器吸合，此时电动机不转，则故障可能出现在主电路中；若接触器不吸合，则故障可能出现在控制电路中。

　　⑧ 通电试车完毕后，切断电源。

任务三　正反转及顺序启停控制电路分析与安装调试

　　在生产实践中，有很多情况需要电动机能进行正反两方向的运动。如夹具的夹紧与松开、升降机的提升与下降等。要改变电动机的转向，只需改变三相绕组的相序，将三相电动机的任意两相绕组调换，即可实现反转。常利用接触器的主触头改变相序，主要适用于需要频繁正反转的电动机。

一、正反转控制电路

1. 接触器互锁正反转控制电路

　　图 5-10 为接触器互锁正反转控制电路。图中采用了两个接触器，KM1 是正转接触器，KM2 是反转接触器。显然 KM1 和 KM2 两组主触头不能同时闭合，即

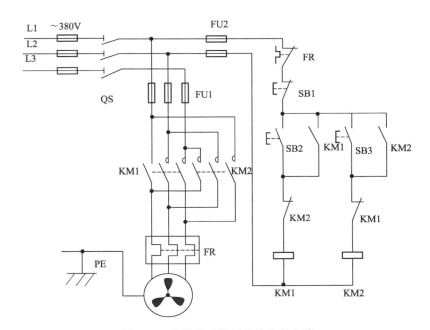

图 5-10　接触器互锁正反转控制电路

KM1 和 KM2 两接触器线圈不能同时通电，否则会引起电源短路。

正转：按下启动按钮 SB2，接触器 KM1 线圈得电并自锁，KM1 主触头闭合，接通主电路。输入电源相序为 L1、L2、L3，电动机 M 正转，同时 KM1 常闭触头断开，保证 KM2 线圈不会得电。

停转：按下停止按钮 SB1，接触器 KM1 线圈失电，KM1 主触头断开，电动机 M 停转。

反转：按下反转启动按钮 SB3，接触器 KM2 线圈得电并自锁。KM2 主触头闭合，接通主电路，输入电源相序为 L3、L2、L1，使电动机 M 反转。同时 KM2 常闭触头断开，保证 KM1 线圈不会得电。

在控制电路中，正转接触器 KM1 的线圈电路中串联了一个反转接触器 KM2 的常闭触头，反转接触器 KM2 的线圈电路中串联了一个正转接触器 KM1 的常闭触头。这样，每一接触器线圈电路是否被接通，取决于另一接触器是否处于释放状态。这种同一时间，两个接触器中只能有一个正常工作的控制作用，称为"互锁"（联锁）。在图 5-10 所示电路中，互锁是依靠电气元件来实现的，所以也称为电气互锁。实现电气互锁的触头称为互锁触头。互锁可避免同时按下正、反转启动按钮时造成短路。

接触器互锁正、反转控制电路存在的主要问题是从一个转向过渡到另一个转向时，要先按停止按钮 SB1，不能直接过渡，显然这是十分不方便的。

2. 按钮互锁正反转控制电路

图 5-11 为按钮互锁正反转控制电路。图中 SB2，SB3 为复合按钮，各有一对常闭触头和常开触头，其中常闭触头分别串联在对方接触器线圈支路中，这样只要按下按钮，就自然切断了对方接触器线圈支路，实现互锁。这种互锁是利用按钮来实现的，所以称为按钮互锁。

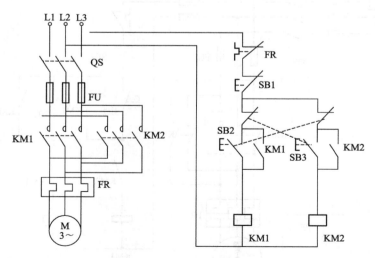

图 5-11　按钮互锁正反转控制电路

正转：按下正转启动按钮 SB2，接触器 KM1 的线圈得电并自锁。KM1 主触头闭合接通主电路，输入电源相序为 L1、L2、L3，电动机 M 正转。同时复合按钮

SB2 的常闭触头断开，切断 KM2 线圈支路。

反转：按下反转启动按钮 SB3，其常闭触头断开，接触器 KM1 的线圈失电，KM1 主触头断开，电动机 M 停转。同时 KM2 线圈得电并自锁，KM2 主触头闭合接通主电路，接入电源相序为 L1、L3、L2，电动机 M 反转。

由此可见，按钮互锁正、反转控制电路可以从正转直接过渡到反转，即可实现"正—反—停"控制。但其存在的主要问题是容易产生短路事故。例如，电动机正转接触器 KM1 主触头因弹簧老化或剩磁的原因而延迟释放时，或者被卡住而不能释放时，如按下 SB3 反转按钮，KM2 接触器又得电使其主触头闭合，电源会在主电路短路。

3. 双重互锁正反转控制电路

双重互锁正反转控制电路原理图如图 5-12 所示，该电路既有接触器的电气互锁，又有复合按钮的机械互锁，是一种比较完善的既能实现正反转直接启动的要求，又具有较高安全可靠性的电路。

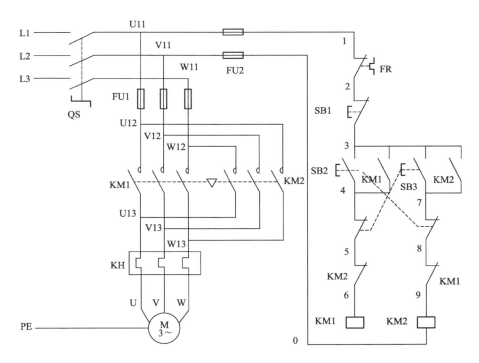

图 5-12　双重互锁正反转控制电路原理图

根据图 5-10 配齐所用电气元件，并检查其数量、规格是否符合控制电路的规格，检查其外观是否完好无损，并用万用表欧姆挡检测各电气元件。

二、顺序启停和两地启停控制电路

在实际的生产中，有时需要多台电动机按一定的顺序来启动和停车。例如机床在启动前需要先启动液压泵电动机，然后才能启动主轴电动机；机床停止时要先停止主轴电动机，然后再停止液压泵电动机，其电路原理图如图 5-13 所示。

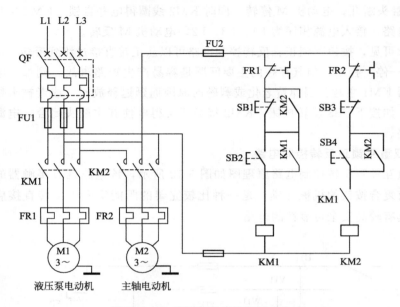

图 5-13　电动机先启后停控制电路

图 5-14 所示电路原理图中，M1 电动机启动后 M2 电动机才能启动，M1 停止后 M2 才能停止。

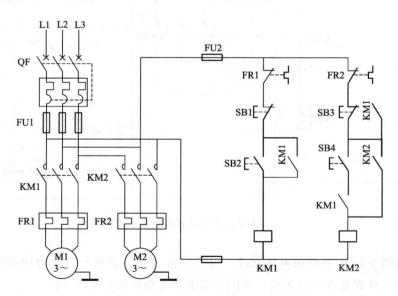

图 5-14　电动机先启先停电路原理图

图 5-15 所示电路原理图中，一个启动按钮和一个停止按钮组成一组，两组按

钮分别放置在两个地方，若要分别在两地启动电动机，可分别按下 SB3 或 SB4 按钮；若要分别在两地停止电动机，可分别按下 SB1 或 SB2 按钮。

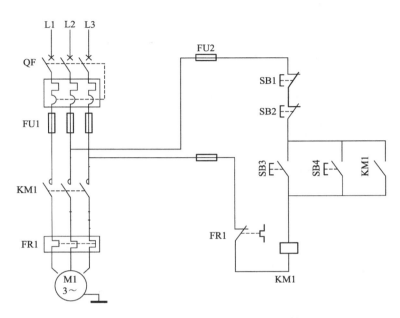

图 5-15　电动机两地启停控制电路原理图

三、正反转控制电路安装与调试步骤

① 根据图 5-10 所示的电气原理图画出正反转控制电路的元件布置图，如图 5-16所示。

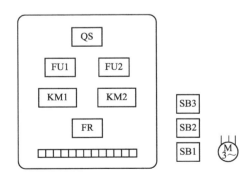

图 5-16　电动机正反转控制
电路的元件布置图

② 根据图 5-10 所示画出电动机正反转控制电路的接线图，如图 5-17 所示。

③ 按照图 5-16 所示的电气元件布置图在控制板上安装电器元件。

④ 按照图 5-17 所示的接线图进行布线安装。

⑤ 安装完毕后，必须经过认真检查后，方可通电。

⑥ 在老师的监护下，通电试车。若遇到异常现象，应立即停车，检查故障。

⑦ 通电试车完毕，切断电源。

正反转控制电路的常见故障现象及故障点见表5-1。

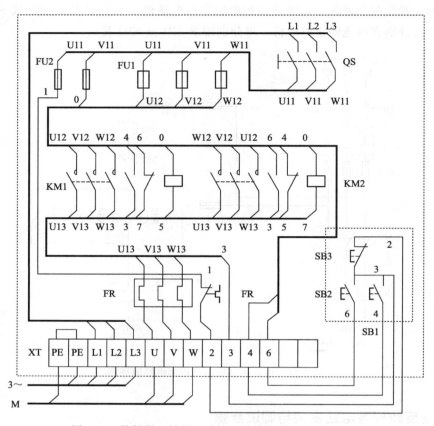

图 5-17　接触器互锁的电动机正反转控制电路的接线图

表 5-1　正反转控制电路故障分析

故障现象	故障点
按下 SB2,电动机不转;按下 SB3,电动机运转正常	KM1 线圈断路或 SB2 损坏产生断路
按下 SB2,电动机运转正常;按下 SB3,电动机不转	KM2 线圈断路或 SB3 损坏产生断路
按下 SB1,不能停车	SB1 熔焊
合上 QS 后,熔断器 FU2 熔断	KM1 或 KM2 线圈、触头短路
合上 QS 后,熔断器 FU1 熔断	KM1 或 KM2 短路;电动机相间短路;正反转主电路换相线接错
按下 SB2,电动机运转正常,再按下 SB3,FU1 熔断	正反转主电路换相线接错

任务四　降压启动电路分析与安装调试

　　电动机的启动方式分为全压启动和降压启动两种,全压启动是指加在电动机定子绕组上的电压为额定电压,属于全压启动,又称为直接启动。电动机的直接启动电路简单，但启动电流大，会对电网其他设备造成一定的影响，因此当电动机功率较大时，需采取降压启动，降低启动时加在电动机定子绕组上的电压，启动结束后再将电压恢复到额定值，使电动机在正常电压下运行。因为电枢电流和电压成正比，所以降压启动可以减小启动电流，但同时电动机的启动转矩也就减小了，因此降压启动一般需要在空载或轻载下进行。

一、定子电路串电阻降压启动控制

在电动机启动时，在定子电路中串接电阻，使加在电动机定子绕组上的电压降低，启动结束后再将电阻切除，使电动机在额定电压下运行。这种启动方式主要用在正常运行时定子绕组接成丫型的笼型异步电动机。图 5-18 是这种启动方式的电路图。

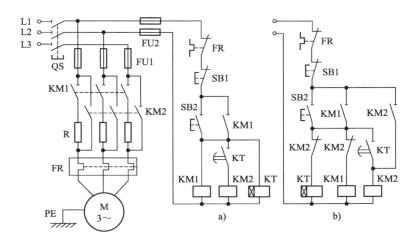

图 5-18 定子电路串电阻降压启动控制电路

工作原理：合上刀开关 QS，按下按钮 SB2，KM1 线圈得电自锁，其常开主触头闭合，电动机串电阻启动，KT 线圈得电；当电机的转速接近正常转速时，到达 KT 的整定时间，其常开延时触头闭合，KM2 线圈得电自锁，KM2 的常开主触头闭合将 R 短接，电机全压运转。

降压启动用的电阻一般采用 ZX1、ZX2 系列铸铁电阻，其阻值小、功率大，可允许通过较大的电流。

电路图各元器件工作顺序如下。

首先合上电源开关 QS。

按下SB2 → KM1线圈得电 → KM1主触点闭合 → 电动机M串电阻R降压起动
                        └→ KM1辅助动合触点闭合，自锁
            └→ KT线圈得电 ──经过一段时间──→ KT延时动合触头闭合 →

──→ KM2线圈得电 → KM2主触点闭合 → 切除起动电阻R，电动机M在全压下稳定运行
                 └→ KM2辅助动合触点闭合，自锁
                 └→ KM2辅助动断触点分断 → KM1和KT线圈失电，所有触头复位

二、丫-△降压启动控制电路

这种控制方式是：电动机在启动时将绕组接成星形连接，启动结束后自动换接成三角形接法。该启动方式仅适用于正常运行时定子绕组接成三角形的笼型异步电动机。

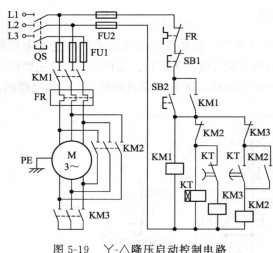

图 5-19   丫-△降压启动控制电路

图 5-19 所示是用两个接触器和一个时间继电器自动完成丫-△转换的降压启动控制电路。由图可知，按下 SB2 后，接触器 KM1 得电并自锁，同时 KT、KM3 也得电，KM1、KM3 主触头同时闭合，电动机以星形接法启动。当电动机转速接近正常转速时，到达通电延时型时间继电器 KT 的整定时间，其延时动断触头断开，KM3 线圈断电，延时动合触头闭合，KM2 线圈得电，同时 KT 线圈也失电。这时，KM1、KM2 主触头处于闭合状态，电动机绕组转换为

三角形连接，电动机全压运行。图中把 KM2、KM3 的动断触头串联到对方线圈电路中，构成"互锁"电路，避免 KM2 与 KM3 同时闭合，引起电源短路。

在电动机的丫-△启动过程中，绕组的自动切换由时间继电器 KT 延时动作来控制。这种控制方式称为按时间原则控制，它在机床自动控制中得到广泛应用。KT 延时的长短应根据启动过程所需时间来整定。

三、自耦变压器降压启动控制电路

正常运行时定子绕组接成丫形的笼型异步电动机，还可用自耦变压器降压启动。电动机启动时，定子绕组加上自耦变压器的二次电压，一旦启动完成就切除自耦变压器，定子绕组加上额定电压正常运行。

自耦变压器二次绕组有多个抽头，能输出多种电源电压，启动时能产生多种转矩，一般比丫-△启动时的启动转矩大得多。自耦变压器虽然价格较贵，而且不允许频繁启动，但仍是三相笼型异步电动机常用的一种降压启动装置。图 5-20 为一种三相笼型异步电动机自耦变压器降压启动控制电路。

其工作过程是：合上电源开关 QS，按下按钮 SB2，KM1 线圈得电，自耦变压器作丫连接，同时 KM2 得电自锁，电动机降压启动，KT 线圈得电自锁；当电动机的转速接近正常工作转速时，到达 KT 的整定时间，KT 的常闭延时触头先断开，KM1、KM2 先后失电，自耦变压器 T 被切除，KT 的常开延时触头后闭合，在 KM1 的常闭辅助触头复位的前提下，KM3 得电自锁，电动机全压运转。

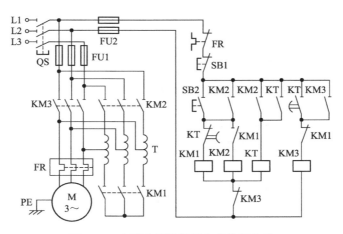

图 5-20　自耦变压器降压启动控制电路

电路中 KM1、KM3 的常闭辅助触头的作用是：防止 KM1、KM2、KM3 同时得电，使自耦变压器 T 的绕组电流过大，从而导致其损坏。

四、确定启动方案，绘制控制流程并设计电路

生产机械所用电动机功率为 7.5kW，三角形接法，因此在综合考虑性价比的情况下，选用丫-△降压启动方法实现平稳启动。启动时间由时间继电器设定。

根据控制要求，过载保护采用热继电器实现，短路保护采用熔断器实现，因采用接触器继电器控制，所以具有欠压和失压保护功能。

根据正反向丫-△降压启动指导思想，设计本项目的控制流程，如图 5-21 所示。

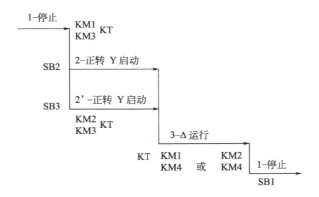

图 5-21　控制流程

根据流程图设计相应的控制电路原理图，如图 5-22 所示。

五、电路的安装与调试步骤

① 按图 5-22 将所需要的元器件配齐，并使用电工工具，对元件进行质量检验；

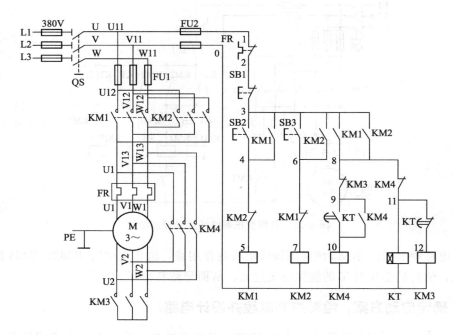

图 5-22　控制电路原理图

② 画出元件的位置图和安装接线图；

③ 固定元器件，按照电气控制电路安装主电路和控制电路；

④ 检查主电路和控制电路的连接情况；

⑤ 检查无误后通电试车。为保证人身安全，在通电试车时，要认真执行安全操作规程的有关规定，经老师检查并现场监督。

接通三相电源，合上电源开关 QS，用电笔检查熔断器出线端，氖管亮说明电源接通。分别按下 SB2，SB3 和 SB1，观察是否符合电路功能要求，观察电器元件动作是否灵活，有无卡阻及噪音过大现象，观察电动机运行是否正常。若有异常，立即停车检查。

任务五　电动机制动电路分析

电动机断电后，由于惯性作用，自由停车时间较长，需要对其制动，使之迅速停车。制动的方法主要有机械制动和电气制动两种。机械制动是采用机械抱闸制动；电气制动是用电气的办法，使电动机产生一个与转子原转动方向相反的力矩迫使电动机迅速制动而停转的方法。常用的电气制动方法有反接制动和能耗制动。

一、反接制动

反接制动是指在切断电动机的三相电源后，立即通上与原电源相序相反的三相交流电源，以形成与原来转速方向相反的电磁力矩，利用这个制动力矩迫使电动机迅速停止转动的方法。

图 5-23 为反接制动控制电路。由于反接制动的电流较大，由此引起的制动冲击力也较大，所以在主电路中串入限流电阻 R。控制电路中，使用了速度继电器 KS，它与电动机同轴。当电动机转速上升到一定数值时，速度继电器的常开触头闭合，为制动做好准备。制动时转速迅速下降，当转速下降到接近于零时，速度继电器的常开触头断开，接触器 KM2 线圈断电，防止电动机反转。

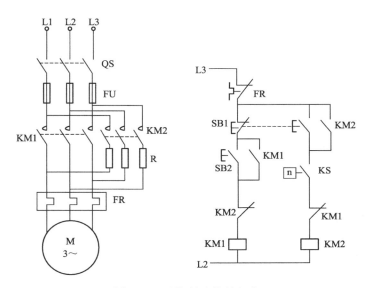

图 5-23　反接制动控制电路

启动：按下启动按钮 SB2，接触器 KM1 线圈得电并自锁，KM1 主触头闭合，电动机进行全压启动。当电动机转速上升到 100r/min 时（此数值可调），KS 的常开触头闭合。但是由于接触器 KM2 线圈支路的互锁触头 KM1 断开，所以 KM2 线圈不会得电。

制动：按下停止按钮 SB1，接触器 KM1 线圈失电，KM1 主触头断开，电动机失电惯性运转。同时 KM1 常闭触头闭合，KM2 线圈得电，KM2 主触头闭合将电动机电源反接。当转速下降到接近于零时，KS 常开触头断开，使 KM2 线圈失电，从而切断电动机的反接电源，电动机停止运转。

二、能耗制动

能耗制动是将正在运转的电动机脱离三相交流电源后，给定子绕组加一直流电源，以产生一个静止磁场，利用转子感应电流与静止磁场的作用，产生反向电磁力矩而迫使电动机制动停转的过程。

图 5-24 为能耗制动控制电路。它是利用时间继电器的延时作用实现能耗制动的。UF 为单相桥式整流器，TR 为整流变压器。

按下启动按钮 SB2，接触器 KM1 线圈得电自锁，KM2 常闭触头互锁，电动机

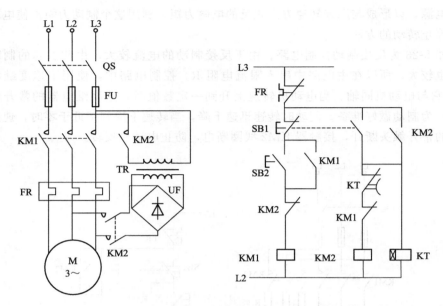

图 5-24　能耗制动控制电路

运转。制动时，按下停止按钮 SB1，使接触器 KM1 线圈失电切断交流电源，接触器 KM2 线圈得电，KM2 常开辅助触头接通直流电源，同时时间继电器 KT 得电，经过一定延时后，时间继电器 KT 常闭触头断开，使 KM2 线圈失电，断开直流电源，制动结束。

思考与练习

1. 简述电气原理图的绘制原则。

2. 电气控制电路的主电路和控制电路各有什么特点？

3. 两个交流接触器控制的电动机正反转控制电路，为防止电源短路，必须实现什么控制？

4. 题图 5-1 所示是两种在控制电路实现电动机顺序控制的电路（主电路略），试分析说明各电路有什么特点，能满足什么控制要求。

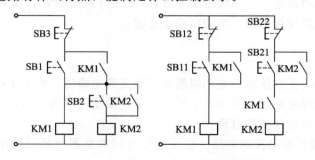

题图 5-1

5. 试设计一个控制一台电动机的电路，要求：①可正、反转；②正、反向点动；③具有短路和过载保护。

6. 有两台电动机 M1 和 M2，要求：①M1 先启动，经过 10s 后 M2 启动；②M2 启动后，M1 立即停止。试设计其控制电路。

7. 一台电动机采用 Y-△ 接法，允许轻载启动，设计满足下列要求的控制电路。

① 采用手动和自动控制降压启动；

② 实现连续运转和点动工作，并且当点动工作时要求处于降压状态工作；

③ 具有必要的联锁和保护环节。

8. 一长输送带采用 55kW 电动机进行拖动，试设计其控制电路。设计要求如下：

① 电动机采用 Y-△ 降压启动控制；

② 采用两地控制方式；

③ 加装启动预告装置；

④ 至少有一个现场急停开关。

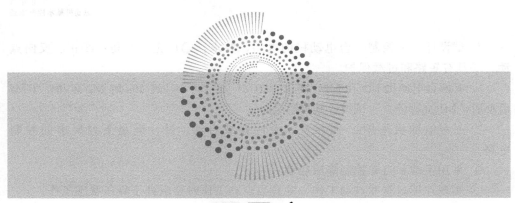

项目六
典型机床控制电路

任务一　车床电气控制电路分析

车床在机械加工中广泛使用，根据其结构和用途不同，分成普通车床、立式车床、六角车床、仿形车床等。车床主要用于加工各种回转表面（内外圆柱面、圆锥面、成形回转面等）和回转体的端面。本节以 CA6140 普通车床为例进行车床电气控制电路的分析。

一、主要结构与运动形式

普通车床主要由床身、主轴箱、进给箱、溜板箱、刀架、光杠、丝杠和尾座等

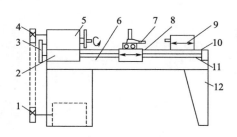

图 6-1　普通车床结构示意图

1、4—带轮；2—进给箱；3—挂轮架；

5—主轴箱；6—床身；7—刀架；

8—溜板；9—尾座；10—丝杠；

11—光杠；12—床腿

部件组成（图 6-1）。主轴箱固定地安装在床身的左端，其内装有主轴和变速传动机构。床身的右侧装有尾座，其上可装后顶尖以支承长工件的一端，也可安装钻头等孔加工刀具以进行钻、扩、铰孔等工序。

工件通过卡盘等夹具装夹在主轴的前端，由电动机经变速机构传动旋转，实现主运动并获得所需转速。刀架的纵横向进给运动由主轴箱经挂轮架、进给箱、光杠或丝杠、溜板箱传动。

二、电力拖动特点与控制要求

主电动机 M_1 用来完成主轴主运动和刀具的纵横向进给运动的驱动，电动机为不调速的笼型异步电动机，采用直接启动方式，主轴采用机械变速，正反转采用机械换向机构。

冷却泵电动机 M_2 用于加工时提供冷却液，防止刀具和工件的温升过高。采用直接启动方式和连续工作状态。

电动机 M_3 M_3 为刀架快速移动电机，可根据使用需要，随时手动控制启停。

三、电气控制电路分析

CA6140 型普通车床的电气控制电路原理图如图 6-2 所示，其工作原理分析如下。

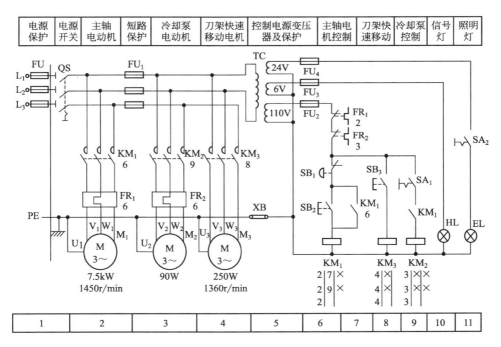

图 6-2   CA6140 型普通车床电气控制电路原理图

1. 主电路分析

主电路共有三台电动机。M_1 为主轴电动机，带动主轴旋转和刀架做进给运动；M_2 为冷却泵电动机；M_3 为刀架快速移动电动机。三相交流电源通过转换开关 QS 引入，接触器 KM_1 的主触点控制 M_1 的启动和停止。接触器 KM_2 的主触点控制 M_2 启动和停止。接触器 KM_3 的主触点控制 M_3 启动和停止。

2. 控制电路分析

控制回路的电源由控制变压器 TC 次级输出 110V 电压。

(1) 主轴电动机 M_1 的控制

按下启动按钮 SB_2，接触器 KM_1 的线圈得电，位于 7 区的 KM_1 自锁触点闭合，位于 2 区的 KM_1 主触点闭合，主轴电动机 M_1 启动。按下停止按钮 SB_1，接触器 KM_1 失电，电动机 M_1 停转。

(2) 冷却泵电动机 M_2 的控制

主轴电动机 M_1 启动后，即在接触器 KM_1 得电吸合的情况下，合上开关 SA_1 使接触器 KM_2 线圈得电吸合，冷却泵电动机 M_2 才能启动。

(3) 刀架快速移动电动机 M_3 的控制

按下按钮 SB_3，KM_3 通电，位于 4 区的 KM_3 主触点闭合，对 M_3 电动机实行点动控制。M_3 电机经传动系统，驱动溜板箱带动刀架快速移动。

3. 保护环节分析

热继电器 FR_1 和 FR_2 分别对电动机 M_1、M_2 进行过载保护，由于 M_3 为短时工作状态，故未设过载保护。熔断器 $FU_1 \sim FU_4$ 分别对主电路、控制电路和辅助电路实行短路保护。

4. 辅助电路分析

控制变压器 TC 的次级分别输出 24V 和 6V 电压，作为机床照明灯和信号灯的电源。EL 为机床的低压照明灯，由开关 SA_2 控制；HL 为电源的信号灯。

任务二　钻床电气控制电路分析

钻床是一种用途广泛的机床，从机床的结构形式可分为：立式钻床、台式钻床和摇臂钻床等。其中摇臂钻床的主轴可以在水平面上调整位置，使刀具对准被加工孔的中心，而工件则固定不动，因而应用较广。本节以 Z3040 摇臂钻床为例，分析其控制电路。

一、主要结构与运动形式

摇臂钻床一般由底座、立柱、摇臂和主轴箱等部件组成（图 6-3）。主轴箱 4 装在可绕垂直轴线回转的摇臂 3 的水平导轨上，通过主轴箱在摇臂上的水平移动及摇臂的回转，可以很方便地将主轴 5 调整至机床尺寸范围内的任意位置。为了适应加工不同高

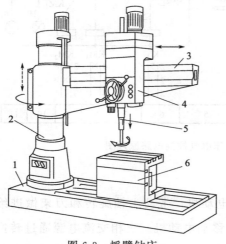

图 6-3　摇臂钻床

1—底座；2—立柱；3—摇臂；4—主轴箱；

5—主轴；6—工件

度工件的需要，摇臂可沿立柱 2 上下移动以调整位置。

摇臂钻床具有下列运动：主轴箱的旋转主运动及轴向进给运动；主轴箱沿摇臂的水平移动；摇臂的升降运动和回转运动。Z3040 钻床中，主轴箱沿摇臂的水平移动和摇臂的回转运动为手动调整。

二、电力拖动特点与控制要求

1. 电力拖动

整台机床由四台异步电动机驱动，分别是主轴电动机、摇臂升降电动机、液压泵电动机及冷却泵电动机。主轴箱的旋转运动及轴向进给运动由主轴电机驱动，旋转速度和旋转方向由机械传动部分实现，电机不需变速。

2. 控制要求

① 四台电动机的容量均较小，故采用直接启动方式。

② 摇臂升降电机和液压泵电机均能实现正反转。当摇臂上升或下降到预定的位置时，摇臂能在电气或机械夹紧装置的控制下，自动夹紧在外立柱上。

③ 电路中应具有必要的保护环节。

三、电气控制电路分析

Z3040 型摇臂钻床的电气原理图如图 6-4 所示。其工作原理分析如下。

1. 主电路分析

主电路中有四台电动机。M_1 是主轴电动机，带动主轴旋转和使主轴作轴向进给运动，作单方向旋转。M_2 是摇臂升降电动机，可作正反向运行。M_3 是液压泵电动机，其作用是供给夹紧装置压力油，实现摇臂和立柱的夹紧和松开，电动机 M_3 作正反向运行。M_4 是冷却泵电动机，供给钻削时所需的冷却液，作单方向旋转，由开关 QS_2 控制。钻床的总电源由组合开关 QS_1 控制。

2. 控制电路分析

（1）主轴电动机 M_1 的控制

M_1 的启动：按下启动按钮 SB_2，接触器 KM_1 的线圈得电，位于 15 区的 KM_1 自锁触点闭合，位于 3 区的 KM_1 主触点接通，电动机 M_1 旋转。

M_1 的停止：按下 SB_1，接触器 KM_1 的线圈失电，位于 3 区的 KM_1 常开触点断开，电动机 M_1 停转。在 M_1 的运转过程中，如发生过载，则串在 M_1 电源回路中的过载元件 FR_1 动作，使其位于 14 区的常闭触点 FR_1 断开，同样也使 KM_1 的线圈失电，电动机 M_1 停转。

（2）摇臂升降电动机 M_2 的控制

摇臂升降的启动原理如下。按上升（或下降）按钮 SB_3（或 SB_4），时间继电器 KT 得电吸合，位于 19 区的 KT 动合触点和位于 23 区的延时断开动合触头闭合，接触器 KM_4 和电磁铁 YA 同时得电，液压泵电动机 M_3 旋转，供给压力油。

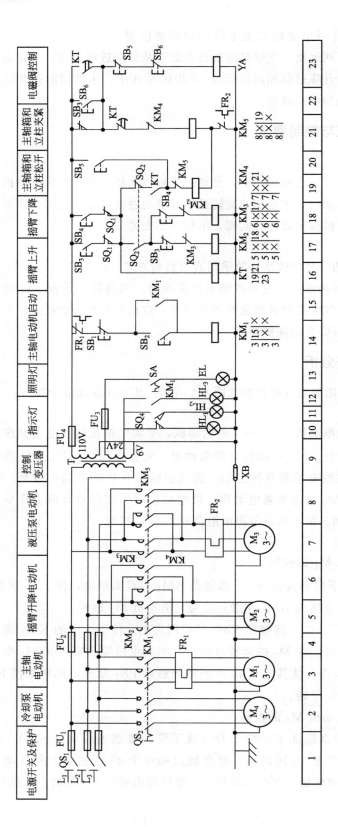

图 6-4　Z3040型摇臂钻床电气原理图

压力油经 2 位 6 通阀进入摇臂松开油腔，推动活塞和菱形块，使摇臂松开（图 6-5）。松开到位压限位开关 SQ_2，位于 19 区的 SQ_2 的动断触头断开，接触器 KM_4 断电释放，电动机 M_3 停转。同时位于 17 区的 SQ_2 动合触头闭合，接触器 KM_2（或 KM_3）得电吸合，摇臂升降电动机 M_2 启动运转，带动摇臂上升（或下降）。

摇臂升降的停止原理如下。当摇臂上升（或下降）到所需位置时，松开按钮 SB_3（或 SB_4），接触器 KM_2（或 KM_3）和时间继电器 KT 失电，M_2 停转，摇臂停止升降。位于 21 区的 KT 动断触头经 1～3s 延时后闭合，使接触器 KM_5 得电吸合，电动机 M_3 反转，供给压力油。压力油经 2 位 6 通阀，进入摇臂夹紧油腔，反方向推动活塞和菱形块，将摇臂夹紧。摇臂夹紧后，位于 21 区的压限位开关 SQ_3 常闭触点断开，使接触器 KM_5 和电磁铁 YA 失电，YA 复位，液压泵电机 M_3 停转。摇臂升降结束。

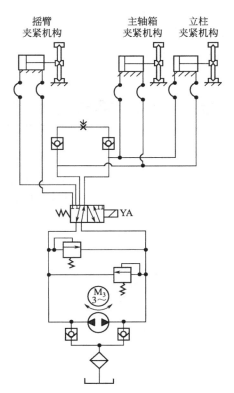

图 6-5　Z3040 钻床夹紧机构
液压系统原理图

摇臂升降中各器件的作用如下。限位开关 SQ_2 及 SQ_3 用来检查摇臂是否松开或夹紧，如果摇臂没有松开，位于 17 区的 SQ_2 常开触点就不能闭合，因而控制摇臂上升或下降的 KM_2 或 KM_3 就不能吸合，摇臂就不会上升或下降。SQ_3 应调整到保证夹紧后能够动作，否则会使液压泵电动机 M_3 处于长时间过载运行状态。时间继电器 KT 的作用是保证升降电动机断开并完全停止旋转后（摇臂完全停止升降），才能夹紧。限位开关 SQ_1 是摇臂上升或下降至极限位置的保护开关。SQ_1 与一般限位开关不同，其两组常闭触点不同时动作。当摇臂升至上极限位置时，位于 17 区的 SQ_1 动作，接触器 KM_2 失电，升降电机 M_2 停转，上升运动停止。但位于 18 区的 SQ_1 另一组触点仍保持闭合，所以可按下降按钮 SB_4，接触器 KM_3 动作，控制摇臂升降电机 M_2 反向旋转，摇臂下降。反之当摇臂在下极限位置时，控制过程类似。

（3）主轴箱与立柱的夹紧与放松

立柱与主轴箱均采用液压夹紧与松开，且两者同时动作。当进行夹紧或松开时，要求电磁铁 YA 处于释放状态。

按松开按钮 SB_5（或夹紧按钮 SB_6），接触器 KM_4（或 KM_5）得电吸合，液压泵电动机 M_3 正转或反转，供给压力油。压力油经 2 位 6 通阀（此时电磁铁 YA 处于释放状态）进入立柱夹紧液压缸的松开（或夹紧）油腔和主轴箱夹紧液压缸的松开（或夹紧）油腔，推动活塞和菱形块，使立柱和主轴箱分别松开（或夹紧）。松开后行程开关 SQ_4 复位（或夹紧后动作），松开指示灯 HL_1（或夹紧指示灯 HL_2）亮。

任务三　铣床电气控制电路分析

铣床主要用于加工各种形式的表面、平面、斜面、成形面和沟槽等。安装分度头后，能加工直齿齿轮或螺旋面，使用圆工作台则可以加工凸轮和弧形槽。铣床应用广泛，种类很多，X62W 卧式万能铣床是应用最广泛的铣床之一。

一、主要结构与运动形式

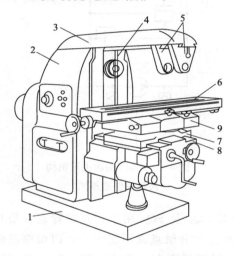

图 6-6　X62W 卧式万能铣床外形简图
1—底座；2—立柱；3—悬梁；4—主轴；
5—刀杆支架；6—工作台；7—床鞍；
8—升降台；9—回转台

X62W 卧式万能铣床的结构如图 6-6 所示。有底座、床身、悬梁、刀杆支架、工作台、溜板和升降台等。铣刀的心轴，一端靠刀杆支架支撑，另一端固定在主轴上，并由主轴带动旋转。床身的前侧面装有垂直导轨，升降台可沿导轨上下移动。升降台上面的水平导轨上，装有可横向移动（即前后移动）的溜板，溜板的上部有可以转动的回转台，工作台装在回转台的导轨上，可以纵向移动（即左右移动）。这样，安装于工作台的工件就可以在六个方向（上、下、左、右、前、后）调整位置和进给。溜板可绕垂直轴线左右旋转45°，因此工作台还能在倾斜方向进给，可以加工螺旋槽。

由上述可知，X62W 万能铣床的运动形式有以下几种。

① 主运动　主轴带动铣刀的旋转运动。

② 进给运动　加工中工作台带动工件的上、下、左、右、前、后运动和圆工作台的旋转运动。

③ 辅助运动　工作台带动工件的快速移动。

二、电力拖动特点与控制要求

主运动和进给运动之间没有一定的速度比例要求，分别由单独的电动机拖动。

主轴电动机空载时可直接启动。要求有正反转实现顺铣和逆铣。根据铣刀的种类提前预选方向，加工中不变换旋转方向。由于主轴变速机构惯性大，主轴电动机应有制动装置。

　　根据工艺要求，主轴旋转与工作台进给应有先后顺序控制。加工开始前，主轴开动后，才能进行工作台的进给运动。加工结束时，必须在铣刀停止转动前，停止进给运动。

　　进给电动机拖动工作台实现纵向、横向和垂直方向进给运动的互锁，方向选择通过操作手柄，改变传动链实现，每种方向要求电动机有正反转运动。任一时刻，工作台只能向一个方向移动，故各方向间要有必要的联锁控制。为提高生产率，缩短调整运动的时间，工作台有快速移动。

　　主轴与工作台的变速由机械变速系统完成。为使齿轮易于啮合，减小齿轮端面的冲击，要求变速时电动机有变速冲动（瞬时点动）控制。

　　铣削时的冷却液由冷却泵电动机拖动提供。

　　当主轴电动机或冷却泵电动机过载时，进给运动必须立即停止，以免损坏刀具和机床。

　　使用圆工作台时，要求圆工作台的旋转运动和工作台的纵向、横向及垂直运动之间有联锁控制，即圆工作台旋转时，工作台不能向任何方向移动。

三、电气控制电路分析

　　X62W型万能铣床控制线路如图6-7所示。包括主电路、控制电路和信号照明电路三部分。

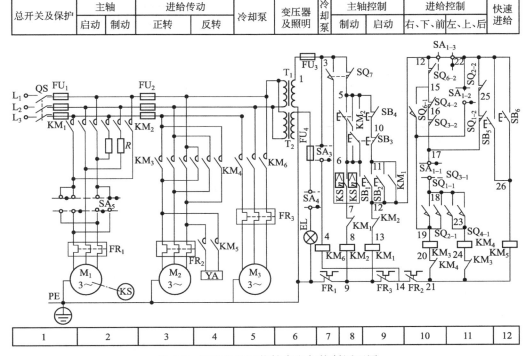

图 6-7　X62W型万能铣床电气控制原理图

（一）主电路

铣床共有三台电动机拖动。M_1 为主轴电动机，用接触器 KM_1 直接启动，用倒顺开关 SA_5 实现正反转控制，用制动接触器 KM_2 串联不对称电阻 R 实现反接制动；M_2 为进给电动机，其正、反转由接触器 KM_3、KM_4 实现，快速移动由接触器 KM_5 控制电磁铁 YA 实现；冷却泵电动机 M_3 由接触器 KM_6 控制。

三台电动机都用热继电器实现过载保护，熔断器 FU_2 实现 M_2 和 M_3 的短路保护，FU_1 实现 M_1 的短路保护。

（二）控制电路

控制变压器将 380V 降为 127V 作为控制电源，降为 36V 作为机床照明的电源。

1. 主轴电动机的控制

（1）启动

先将转换开关 SA_5 扳到预选方向位置，闭合 QS，按下启动按钮 SB_1（或 SB_2），KM_1 得电并自锁，M_1 直接启动（M_1 升速后，速度继电器的触点动作，为反接制动做准备）。

（2）制动

按下停止按钮 SB_3（或 SB_4），KM_1 失电，KM_2 得电，进行反接制动。当 M_1 的转速下降至一定值时，KS 的触点自动断开，M_1 失电，制动过程结束。

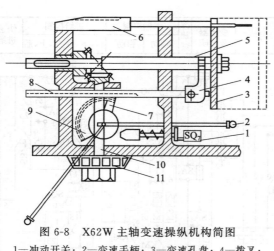

图 6-8　X62W 主轴变速操纵机构简图
1—冲动开关；2—变速手柄；3—变速孔盘；4—拨叉；
5—轴；6—齿轮；7—齿轮；8—齿条；
9—扇形齿轮；10—轴；11—转速盘

（3）变速冲动

主轴变速采用孔盘结构，集中操纵，既可在停车时变速，也可在主轴旋转的情况下进行。图 6-8 为主轴变速操纵机构简图。

变速时，将变速手柄向下压并拉到前面，扇形齿轮带动齿条和拨叉，使变速孔盘移出，凸轮瞬时压动行程开关 SQ_7，其常闭触点断开，接触器 KM_1 断电，电动机 M_1 失电；SQ_7 常开触点闭合，使接触器 KM_2 得电，对 M_1 进行反接制动。由于 SQ_7 很快复位，所以 M_1 减速后进行惯性运行，这时可以转动变速数字盘至所需的速度，再将手柄以较快的速度推回原位。在推回过程中，手柄经凸轮又一次瞬时压动 SQ_7，其常开触点又接通 KM_2，使 M_1 反向转动一下，以利于变速后的齿轮啮合。继续以较快的速度推回原位时，SQ_7 复位，KM_2 失电，M_1 停转，变速冲动操作结束，主轴重新启动后，便运转于新的转速。

2. 进给电动机的控制

工作台进给方向有左右（纵向）、前后（横向）、上下（垂直）运动。这六个方向的运动是通过两个手柄（十字形手柄和纵向手柄）操纵四个限位开关（$SQ_1 \sim SQ_4$）来完成机械挂挡，接通 KM_3 或 KM_4，实现 M_2 的正反转而拖动工作台按预选方向进给。十字形手柄和纵向手柄各有两套，分别设在铣床工作台的正面和侧面。

SA_1 是圆工作台选择开关，设有接通和断开两个位置，三对触点的通断情况如表 6-1 所示。当不需要圆工作台工作时，将 SA_1 置于断开位置；否则，置于接通位置。

（1）工作台左右进给运动的控制

左右进给运动由纵向操纵手柄控制，该手柄有左、中、右三个位置，各位置对应的限位开关 SQ_1、SQ_2 的工作状态如表 6-2 所示。

表 6-1　圆工作台选择开关 SA_1 触点状态

位置 触点	接通	断开
SA_{1-1}	−	+
SA_{1-2}	+	−
SA_{1-3}	−	+

表 6-2　左右进给运动限位开关触点状态

位置 触点	向左	中间（停）	向右
SQ_{1-1}	−	−	+
SQ_{1-2}	+	+	−
SQ_{2-1}	+	−	−
SQ_{2-2}	−	+	+

向右运动：主轴启动后，将纵向操作手柄扳到"右"，挂上纵向离合器，同时压行程开关 SQ_1，SQ_{1-1} 闭合，接触器 KM_3 得电，进给电动机 M_2 正转，拖动工作台向右运动。停止时，将手柄扳回中间位置，纵向进给离合器脱开，SQ_1 复位，KM_3 断电，M_2 停转，工作台停止运动。

向左运动：将纵向操作手柄扳到"左"，挂上纵向离合器，压行程开关 SQ_2，SQ_{2-1} 闭合，接触器 KM_4 得电，M_2 反转，拖动工作台向左运动。停止时，将手柄扳回中间位置，纵向进给离合器脱开，同时 SQ_2 复位，KM_4 断电，M_2 停转，工作台停止运动。

工作台的左右两端安装有限位撞块，当工作台运行到达终点位置时，撞块撞击手柄，使其回到中间位置，实现工作台的终点停车。

（2）工作台前后和上下运动的控制

工作台前后和上下运动由十字形手柄控制，该手柄有上、下、中、前、后五个位置，各位置对应的行程开关 SQ_3、SQ_4 的工作状态如表 6-3 所示。

表 6-3　升降、横向限位开关触点状态

位置 触点	向前向下	中间（停）	向后向上	位置 触点	向前向下	中间（停）	向后向上
SQ_{3-1}	+	−	−	SQ_{4-1}	−	−	+
SQ_{3-2}	−	+	+	SQ_{4-2}	+	+	−

　　向前运动：将十字形手柄扳向"前"，挂上横向离合器，同时压行程开关 SQ_3，SQ_{3-1} 闭合，接触器 KM_3 得电，进给电动机 M_2 正转，拖动工作台向前运动。

　　向下运动：将十字形手柄扳向"下"，挂上垂直离合器，同时压行程开关 SQ_3，SQ_{3-1} 闭合，接触器 KM_3 得电，进给电动机 M_2 正转，拖动工作台向下运动。

　　向后运动：将十字形手柄扳向"后"，挂上横向离合器，同时压行程开关 SQ_4，SQ_{4-1} 闭合，接触器 KM_4 得电，进给电动机 M_2 反转，拖动工作台向后运动。

　　向上运动：将十字形手柄扳向"上"，挂上垂直离合器，同时压行程开关 SQ_4，SQ_{4-1} 闭合，接触器 KM_4 得电，进给电动机 M_2 反转，拖动工作台向上运动。

　　停止时，将十字形手柄扳向中间位置，离合器脱开，行程开关 SQ_3（或 SQ_4）复位，接触器 KM_3（或 KM_4）断电，进给电动机 M_2 停转，工作台停止运动。

　　工作台的上、下、前、后运动都有极限保护，当工作台运动到极限位置时，撞块撞击十字手柄，使其回到中间位置，实现工作台的终点停车。

　　(3) 工作台的快速移动

　　工作台的纵向、横向和垂直方向的快速移动由进给电动机 M_2 拖动。工作台工作时，按下启动按钮 SB_5（或 SB_6），接触器 KM_5 得电，快速移动电磁铁 YA 通电，工作台快速移动。松开 SB_5（或 SB_6）时，快速移动停止，工作台仍按原方向继续运动。

　　若要求在主轴不转的情况下进行工作台快速移动，可将主轴换向开关 SA_5 扳到"停止"位置，按下 SB_1（或 SB_2），使 KM_1 通电并自锁。操作进给手柄，使进给电动机 M_2 转动，再按下 SB_5（或 SB_6），接触器 KM_5 得电，快速移动电磁铁 YA 通电，工作台快速移动。

　　(4) 进给变速时的冲动控制

　　为使变速时齿轮易于啮合，进给速度的变换与主轴变速一样，有瞬时冲动环节。进给变速冲动由进给变速手柄，配合行程开关 SQ_6 实现。先将变速手柄向外拉，选择相应转速；再把手柄用力向外拉至极限位置，并立即推回原位。在手柄拉到极限位置的瞬间，短时压行程开关 SQ_6 使 SQ_{6-2} 断开，SQ_{6-1} 闭合，接触器 KM_3 短时得电，电动机 M_2 短时运转。瞬时接通的电路经 SQ_{2-2}、SQ_{1-2}、SQ_{3-2}、SQ_{4-2} 四个常闭触点，因此只有当纵向进给以及垂直和横向操纵手柄都置于中间位置时，才能实现变速时的瞬时点动，防止了变速时工作台沿进给方向运动的可能。当齿轮啮合后，手柄推回原位时，SQ_6 复位，切断瞬时点动电路，进给变速完成。

　　(5) 圆工作台控制

　　为了扩大机床的加工能力，可在工作台上安装圆工作台。在使用圆工作台时，应将工作台纵向和十字形手柄都置于中间位置，并将转换开关 SA_1 扳到"接通"位置，SA_{1-2} 接通，SA_{1-1}、SA_{1-3} 断开。按下按钮 SB_1（或 SB_2），主轴电动机启动，同时 KM_3 得电，使 M_2 启动，带动圆工作台单方向回转，其旋转速度也可通过蘑菇形变速手柄进行调节。在图 6-7 中，KM_3 的通电路径为点 21→KM_4 常闭触点→KM_3 线圈→SA_{1-2}→SQ_{2-2}→SQ_{1-2}→SQ_{3-2}→SQ_{4-2}→SQ_{6-2}→点 12。

　　3. 冷却泵电动机的控制和照明电路

　　由转换开关 SA_3 控制接触器 KM_6 实现冷却泵电动机 M_3 的启动和停止。

机床的局部照明由变压器 T_2 输出 36V 安全电压，由开关 SA_4 控制照明灯 EL。

4. 控制电路的联锁

X62W 铣床的运动较多，控制电路较复杂，为安全可靠地工作，必须具有必要的联锁。

（1）主运动和进给运动的顺序联锁

进给运动的控制电路接在接触器 KM_1 自锁触点之后，保证了 M_1 启动后（若不需要 M_1 启动，将 SA_5 扳至中间位置）才可启动 M_2。而主轴停止时，进给立即停止。

（2）工作台左、右、上、下、前、后六个运动方向间的联锁

六个运动方向采用机械和电气双重联锁。工作台的左、右用一个手柄控制，手柄本身就能起到左、右运动的联锁。工作台的横向和垂直运动间的联锁，由十字形手柄实现。工作台的纵向与横向垂直运动间的联锁，则利用电气方法实现。行程开关 SQ_1、SQ_2 和 SQ_3、SQ_4 的常闭触点分别串联后，再并联形成两条通路供给 KM_3 和 KM_4 线圈。若一个手柄扳动后再去扳动另一个手柄，将使两条电路断开，接触器线圈就会断电，工作台停止运动，从而实现运动间的联锁。

（3）圆工作台和工作台间的联锁

圆工作台工作时，不允许机床工作台在纵、横、垂直方向上有任何移动。圆工作台转换开关 SA_1 扳到接通位置时，SA_{1-1}、SA_{1-3} 切断了机床工作台的进给控制回路，使机床工作台不能在纵、横、垂直方向上做进给运动。圆工作台的控制电路中串联了 SQ_{1-2}、SQ_{2-2}、SQ_{3-2}、SQ_{4-2} 常闭触点，所以扳动工作台任一方向的进给手柄，都将使圆工作台停止转动，实现了圆工作台和机床工作台纵向、横向及垂直方向运动的联锁控制。

任务四　磨床电气控制电路分析

磨床是用砂轮的周面或端面进行加工的高效精密机床。磨床的种类很多，有平面磨外圆磨床、内圆磨床、工具磨床等，其中尤以平面磨床应用最为广泛。下面以 M7130 型卧轴距台平面磨床为例加以分析。

一、主要结构与运动形式

M7130 型平面磨床的外形如图 6-9 所示，主要由床身、工作台、电磁吸盘、立柱、滑座和砂轮架等组成。平床、面磨床的主运动是砂轮的旋转运动，进给运动有垂直进给（滑座沿立柱的上下运动）、横向进给（砂轮架在滑座上的前后运动）、纵向进给（工作台沿床身的往复左右运动）。工作台每完成一次往复运动，砂轮架作一次间断性的

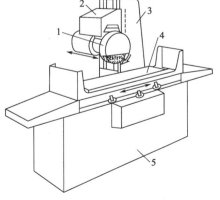

图 6-9　M7130 型平面磨床外形图
1—砂轮架；2—滑座；3—立柱；
4—工作台；5—床身

横向进给；当加工完整个平面后，砂轮架做一次间断性的垂直进给。

二、电力拖动特点与控制要求

磨床的砂轮主轴一般无调速要求，所以采用笼型异步电动机直接拖动。

为保证加工精度，确保工作台往复运动换向时惯性小无冲击，采用了液压传动。由液压电动机驱动液压泵，供出压力油，经液压传动机构来完成工作台的纵向往复运动和砂轮的横向自动进给，并承担工作台导轨的润滑作用。

为了减小磨削加工时工件的热变形，需采用冷却液冷却。

综上所述，M7130 平面磨床有砂轮电动机、液压泵电动机和冷却泵电动机，且都要求单方向旋转。冷却泵电动机与砂轮电动机具有顺序联锁关系，即在砂轮电动机启动后才能开动冷却泵电动机。无论电磁吸盘是否处于工作状态，均可开动各台电动机，便于进行磨床的调整运动。磨床应具有完善的保护环节、工件退磁环节和必要的照明环节。

三、电气控制电路分析

图 6-10 为 M7130 型平面磨床的电气控制原理图，包括主电路、电动机控制电路、电磁吸盘控制电路和机床照明电路等部分。

总开关及保护	砂轮电动机	冷却泵电动机	液压泵电动机	砂轮控制	液压泵控制	变压器及照明	备用电源	电磁吸盘控制		
								整流装置	控制装置	保护装置

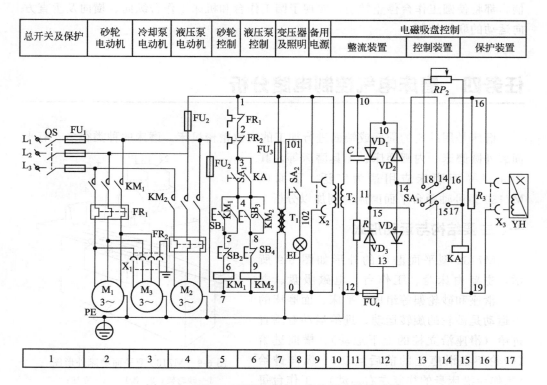

图 6-10   M7130 型平面磨床电气控制电路原理图

(一) 主电路

主电路中共有三台电动机：砂轮电动机 M_1、液压泵电动机 M_2 和冷却泵电动机 M_3。M_1、M_3 由接触器 KM_1 控制，M_2 由 KM_2 控制。

三台电动机共用熔断器 FU_1 实现短路保护，过载保护分别由热继电器 FR_1、FR_2 实现。

(二) 电动机控制电路

控制按钮 SB_1、SB_2 和 KM_1 构成砂轮电动机的单向旋转启-停控制电路；SB_3、SB_4 和 KM_2 构成液压泵电动机的单向旋转启-停控制电路。但只有在电磁吸盘正常工作，触点 $KA(3-4)$ 闭合时，或电磁吸盘不工作，且转换开关 SA_1 置于"去磁"位置，触点 $SA_1(3-4)$ 闭合时，才能启动电动机。

(三) 电磁吸盘控制电路

1. 电磁吸盘的构造和工作原理

平面磨床加工时，用电磁吸盘吸住工件。与采用机械夹紧装置相比，电磁吸盘具有夹紧迅速、不损伤工件、可同时固定多个工件、效率高等优点。但也有需要直流电源、不能固定非磁性材料的工件等缺点。

电磁吸盘有矩形和圆形两种，它们分别应用于矩形平面磨床和圆台平面磨床上。电磁吸盘的原理如图 6-11 所示。在线圈中通入直流电流后，磁通经由盖板→工件→盖板→吸盘体→心体 A 形成闭合回路，将工件 5 牢牢吸住。

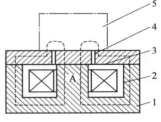

图 6-11　电磁吸盘工作原理
1—钢制吸盘体；2—线圈；
3—钢制盖板；4—隔磁层；
5—工件

2. 电磁吸盘控制电路

吸盘控制电路由整流线路、控制线路和保护装置等部分组成。

(1) 直流电源

交流 220V 电压经变压器 T_2 变为整流电路所需的 127V 交流电压，经桥式全波整流电路整流后输出 110V 直流电压对电磁吸盘供电。

(2) 充磁

将 SA_1 置于"充磁"位置，触点 $SA_1(14-16)$ 和 $SA_1(15-17)$ 接通，电磁吸盘 YH 获得 110V 直流电压。欠电流继电器 KA 与电磁吸盘 YH 串联，若吸盘电流足够大，则 KA 动作，触点 $KA(3-4)$ 闭合，为启动电动机做准备。分别按下启动按钮 SB_1、SB_3，启动 M_1 和 M_2，则可进行正常的磨削加工。工件加工完毕后，按下停止按钮 SB_2、SB_4，M_1 和 M_2 停止转动，再将 SA_1 置于"断电"位置（所有 SA_1 的触点都断开）。

(3) 去磁

将开关 SA_1 置于"去磁"位置，触点 $SA_1(14-18)$、$SA_1(15-16)$ 和 $SA_1(3-4)$ 接通，使电磁吸盘通入反方向电流，并在电路中串入限流电阻 RP_2，来调节去磁电流的大小，达到既去磁又不致反向磁化的目的。去磁结束后，将 SA₁ 置于"断电"位置，便可取下工件。

3. 电磁吸盘的保护装置

（1）电磁吸盘的欠电流保护

为防止在磨削加工过程中，电磁吸盘吸力减小或失去吸力，造成工件飞出，引起工件损坏或人身事故，采用欠电流继电器 KA 作欠电流保护，吸盘具有足够吸力时，KA 才吸合，触点 KA(3-4) 闭合，M₁ 和 M₂ 才能启动工作。

（2）过电压保护

电磁吸盘线圈的匝数多、电感大，通电工作时储有大量的磁场能量。当线圈断电时，将在线圈两端产生高电压，若无放电回路，将使线圈绝缘及其他电气设备损坏。所以在电磁吸盘线圈两端并联了电阻 R_3，作为放电电阻。

（3）整流装置的过电压保护

T_2 的次级并联 RC 阻容电路，用来吸收交流电路产生过电压和直流电路在接通、关断时在 T_2 的次级产生浪涌电压，实现过电压保护。

（4）电磁吸盘的短路保护

T_2 的次级接有熔断器 FU₄ 作短路保护。

任务五　卧式镗床电气控制电路分析

镗床主要用于加工精确的孔及各孔间相互位置要求较高的零件。镗床因本身刚性好，其可动部分在导轨上的活动间隙很小，且有附加支承，能满足上述加工要求。

按用途不同，镗床可分为卧式镗床、立式镗床、坐标镗床及专用镗床等。T68型卧式镗床是一种较广泛使用的镗床，主要用于钻孔、镗孔及加工平面等。

一、主要结构与运动形式

T68 型卧式镗床的结构如图 6-12 所示，主要由床身、工作台、前立柱、后立柱、镗头架、尾座、上溜板和下溜板等部分组成。

床身是一个整体铸件，在其一端固定有前立柱，在前立柱的垂直导轨上装有镗头架，镗头架可沿导轨垂直移动。镗头架上装有主轴、主轴变速箱、进给箱与操纵机构等部件。切削刀具安装在镗轴前端的锥形孔里，或装在平旋盘的刀具溜板上。在加工时，镗轴一面旋转，一面沿轴向做进给运动。平旋盘只能旋转，装在它上面的刀具溜板可在垂直于主轴轴线方向的径向方向做进给运动，平旋盘主轴是空心轴，镗轴穿过其中空部分，通过各自的传动链传动，因此可以独自旋转，也可以以不同转速同时旋转。

在床身的另一端装有后立柱，后立柱可沿床身导轨在镗轴轴线方向调整位置。在后立柱导轨上安装有尾架，用来夹持装夹在镗轴上的镗杆的末端，它可以随镗头架同时升降，因而两者的轴心线始终在同一水平线上。

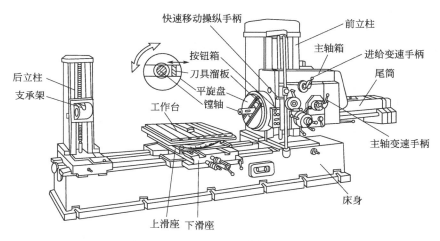

图 6-12　T68 型卧式镗床结构示意图

安装工件的工作台安放在床身中部的导轨上，它由上溜板、下溜板和可转动的工作台组成，工作台可作平行于和垂直于镗轴轴线方向的移动，并可旋转。

由上分析可知卧式镗床的运动形式有三种：

① 主运动为镗轴和平旋盘的旋转运动；

② 进给运动为镗轴的轴向进给、平旋盘刀具溜板的径向进给、镗头架的垂直进给、工作台的横向进给与纵向进给；

③ 辅助运动为工作台的旋转，后立柱的轴向移动、尾架的垂直移动及各部分的快速移动等。

二、电力拖动特点与控制要求

T68 型卧式镗床控制要求如下。

① 为了适应不同工件的加工工艺要求，主轴旋转与进给都有较宽的调速范围，采用双速笼型异步电动机作为主传动电机，并采用机电联合调速。

② 进给运动和主轴及平旋盘旋转采用同一台电动机拖动，由于进给运动的几个方向都有正反两个方向的运动，故主轴电动机要求正反转，有高低两种速度供选择，高速运转时应先低速启动。

③ 为保证主轴迅速、准确停车，主轴电动机应采用电气制动停车环节。

④ 主轴变速与进给变速可在主轴电动机停车或运转时进行，为使变速时齿轮顺利进入正常啮合位置，应有变速低速冲动过程。

⑤ 为缩短辅助时间，各进给方向均能快速移动，配有的快速移动电动机采用点动控制方式。

⑥ 用于镗床运动部件较多，应设置必要的联锁与保护，并使操作尽量集中。

三、电气控制电路分析

图 6-13 为 T68 型卧式镗床电气控制原理图。

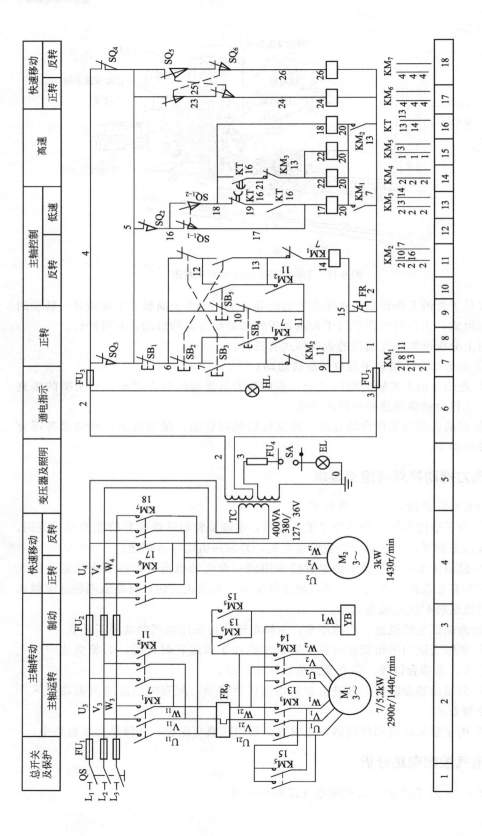

图6-13 T68型卧式镗床电气原理图

（一）主电路工作原理

T68 型卧式镗床主电动机 M1 采用双速电动机，由接触器 KM_3、KM_4 和 KM_5 作三角形—双星形变换，得到主电动机 M1 的低速和高速。接触器 KM_1、KM_2 主触点控制主电动机 M1 的正反转。电磁铁 YB 用于主电动机 M1 断电抱闸制动。快速移动电动机 M2 的正反转由接触器 KM_6、KM_7 控制，由于 M2 是短时间工作，所以不设置过载保护。

（二）控制电路分析

1. 主拖动电动机 M_1 控制

M_1 由接触器 KM_1、KM_2、KM_3、KM_4、KM_5，按钮 SB_1、SB_2、SB_3、SB_4、SB_5 和时间继电器 KT、行程开关 SQ_1、SQ_2 等控制。

（1）低速启动控制

合上电源开关 QS，指示灯 HL 亮，表明电源接通。当要求主轴低速运行时，将速度选择手柄置于低速挡，行程开关 SQ_1、SQ_2 不受压，SQ_{1-1}（16-17）闭合、SQ_{1-2}（16-18）断开。按下按钮 SB_3，KM_1 吸合并自锁，接触器 KM_1 的主触头闭合，为 M_1 通电作好准备。KM_1（1-20 闭合），使接触器 KM_3 吸合，YB 得电，松开制动轮，主电动机 M_1 以三角形（△）连接低速启动运转，接触器 KM_3（21-22）联锁断开。

（2）高速控制

将变速手柄扳到高速挡，行程开关 SQ_{1-1}（16-17）断开，SQ_{1-2}（16-18）闭合，按下按钮 SB_3，接触器 KM_1（1-20）闭合，时间继电器 KT 通电吸合，KT（17-19）闭合，接触器 KM_3 吸合，主电动机 M_1 以三角形（△）连接低速启动。时间继电器 KT（18-19）延时断开后，接触器 KM_3 释放，M_1 切除三角形（△）连接；同时，KT（18-21）延时闭合，接触器 KM_3（21-22）复位闭合，接触器 KM_4、KM_5 得电吸合，制动轮保持放松状态，主电动机 M_1 以双星（YY）连接高速启动，完成两级启动。反向运转时，按下按钮 SB_2，工作过程和正向运转控制相同，不再重复。

（3）主轴电动机的点动控制

主轴点动控制时，按下点动按钮 SB_4 或 SB_5。点动按钮是复合按钮，其常闭触头（10-11）或（6-10）断开，断开了 KM_1 或 KM_2 的自锁回路。按住按钮 SB_4 或 SB_5 时，接触器 KM_1 或 KM_2 吸合，主电动机 M_1 旋转，当松开按钮时，接触器 KM_1 或 KM_2 即断电释放，主电动机 M_1 停转，实现点动控制。

（4）主轴电动机的停止和制动

按下停止按钮 SB_1，接触器 KM_1 或 KM_2 则断电释放，主轴电动机 M_1 停止运转，并进行机械制动。M_1 断电时制动电磁铁 YB 线圈同时断电，由于弹簧的作用抱闸制动，电动机很快停止转动。

2. 主轴变速及进给变速的控制

主轴变速和进给变速在电动机 M_1 运转时进行，主轴手柄拉出来时，行程开关 SQ_2（5-16）被压断开，使接触器 KM_3、KM_4 释放，主轴电动机 M_1 停止运转。主轴转速选好后推回调速手柄，行程开关 SQ_2 复位，M_1 自行启动工作。进给变速时，拉出进给变速操纵手柄，SQ_2 被压分断，M_1 停止转动；当进给量选好后，将变速手柄推回，SQ_2 复位，主轴电动机 M_1 自动工作。变速手柄推不上时可来回推动，使手柄轴通过弹簧装置作用于行程开关 SQ_2，使主轴电动机 M_1 进行冲动，便于齿轮啮合，变速完成后正常进行工作。

3. 快速移动电动机 M_2 的控制

机床各部分的快速移动由单独的电动机 M_2 来拖动。由快速移动手柄操纵压下按钮 SQ_5（5-25）或 SB_6（5-23）闭合，接触器 KM_6 或 KM_7 吸合，电动机 M_2 旋转实现快速移动。

4. 机械和电气联锁保护

联锁行程开关 SQ_4 有一个机械机构和工作台及主轴箱进给操作手柄相连，操作手柄处于"进给"的位置时，联锁行程开关 SQ_4 的常闭触头（4-5）处于断开状态。行程开关 SQ_3 也有一个机械机构和主轴及平旋盘进给操作手柄相连，操作手柄处在"进给"位置时，SQ_3 的常闭触头（4-5）也处于断开状态。这两个手柄在任一手柄在"进给"位置时，主轴电动机 M_1 和快速移动电动机 M_2 均可启动。若两个手柄同时扳在"进给"位置时，则联锁行程开关 SQ_3 和 SQ_4 的触头都处在断开状态，切断控制电路，电动机 M_1 和 M_2 则无法启动，保证了在误操作时避免造成事故，起到联锁保护作用。

思考与练习

1. 简述 Z3040 钻床操作摇臂上升时电路的工作情况。

2. Z3040 摇臂钻床控制线路中，摇臂升降中 SQ_1 的作用是什么？分析摇臂下降时 SQ_1 的作用。

3. Z3040 摇臂钻床控制线路中，有哪些联锁与保护？为什么要有这几种保护环节？

4. 在 X62W 万能铣床电气控制线路中，设置主轴及进给冲动控制环节的作用是什么？请简述主轴变速冲动控制的工作原理。

5. 在 X62W 万能铣床中：

① 工作台能实现哪几个方向的进给运动？

② 工作台是怎样实现快速进给的？

③ 分析线路中的联锁电路。

6. 在 M7130 平面磨床中，为什么采用电磁吸盘来固定工件？电磁吸盘线圈为何要用直流供电而不能用交流供电？与电磁吸盘并联的 *RC* 电路起何作用？

7. M7130 磨床电气控制线路中，若将热继电器 FR_1、FR_2 保护触点分开串接在 KM_1、KM_2 线圈电路中，有何缺点？

8. 说明 T68 型镗床主轴电动机低速控制及低速启动转高速运转的过程。

9. 分析 T68 型镗床主轴变速和进给变速的控制过程。

10. 分析 T68 型镗床主轴的点动控制和停车制动过程。

11. T68 型镗床的电气控制线路中都采取了哪些保护措施？

参 考 文 献

[1] 刘子林. 电机与电气控制. 北京：电子工业出版社，2014.

[2] 王艳秋. 电机及电力拖动. 北京：化学工业出版社，2017.

[3] 华满香，刘小春. 电气控制与 PLC 应用. 北京：人民邮电出版社，2012.

[4] 李道霖. 电气控制与 PLC 应用. 北京：电子工业出版社，2011.

[5] 刘建功. 机床电气控制实践. 北京：机械工业出版社，2013.